U0595372

单纯的事，复杂的事

[日] 谷川俊太郎 谷川彻三
外山滋比古 鲇川信夫
鹤见俊辅 野上弥生子
谷川贤作——著
刘沐旸——译

中国友谊出版公司

图书在版编目（CIP）数据
单纯的事，复杂的事 /（日）谷川俊太郎等著 ; 刘沐旸译. -- 北京 : 中国友谊出版公司, 2024. 8.
ISBN 978-7-5057-5940-4
Ⅰ. B821-49
中国国家版本馆CIP数据核字第2024KK3254号

著作权合同登记号 图字：01-2023-5849

书名 单纯的事，复杂的事
作者 ［日］谷川俊太郎 等
译者 刘沐旸
出版 中国友谊出版公司
发行 中国友谊出版公司
经销 北京时代华语国际传媒股份有限公司 010-83670231
印刷 唐山富达印务有限公司
规格 787 毫米 × 1092 毫米 32 开
8 印张 120 千字
版次 2024 年 8 月第 1 版
印次 2024 年 8 月第 1 次印刷
书号 ISBN 978-7-5057-5940-4
定价 58.00 元
地址 北京市朝阳区西坝河南里 17 号楼
邮编 100028
电话 （010）64678009

这是只有靠对话才能留下的珍贵记录。

目录

诗里的声音

对话者 外山滋比古

写作这件事，写了才知道

对话者 鲇川信夫

初次见面，谈谈日常

对话者 鹤见俊辅

过去的故事，如今的故事

对话者 野上弥生子

现在，描绘家族的肖像

对话者 谷川贤作

不是后记的后记

对话者 谷川贤作

解说

通过了解别人，我也了解了自己。

——谷川俊太郎

谷川彻三（Tanikawa Tetsuzo）

1895 年生于爱知县。哲学家。毕业于京都帝国大学（现京都大学）哲学系。历任法政大学文学系教授、校长。与和辻哲郎、林达夫等人共同从事《思想》杂志编辑工作。著作有《感伤与反省》《东洋与西洋》《茶的美学》《生的哲学》《调和之感觉》《宫泽贤治的世界》《自传抄》等。1989 年去世。

人永远走在成为人的路上。
想要成为一个真正的人，就必须付出持续一生的努力。

当你从动物变成人

对话者
谷川彻三

初登于《中央公论》1961 年 9 月号。后收录于单行本《对谈》，昴书房盛光社，1974 年出版。

我们都是“动物”

俊太郎　我虽然是独生子，儿时却没有被爸爸拥抱的记忆，也没怎么得到过你的照料呢（笑）。但你有一次说过，说我是越大越可爱。大部分父母都觉得婴儿最可爱，长大之后就越来越可恨。这才是一般的看法吧？但你却说，婴儿根本没法交谈，长大了，能说话了才变得有趣……

彻　三　在我心里，婴儿就是动物嘛。就跟不得不去驯化的动物一样。大多数日本人把婴孩惯得太无法无天了（笑）。

俊太郎　小时候，我应该是碰上了什么事儿哭闹了起来，每到这时候，就会有骂我太吵的声音从隔得很远的书房那儿传过来。那可太恐怖了。所谓父亲的形象就印刻在这儿了（笑）。白天我们总是擦肩而过吧？晚上你回来得晚，又不陪我玩儿，我还以为你是时不时就要大吼大叫的动物呢。

彻　三　咱俩都是动物（笑）。

俊太郎　反正我小时候，趁我睡着，你和妈妈大概是去舞厅还是哪儿玩了吧？半夜醒过来的时候，爸爸妈妈都不在，我就算是小孩也感受到了孤独。不过说不定那个时候起诗人的必备素质就培养起来了，现在倒还挺感谢那时候的（笑）。

彻　三　俊太郎自打开始写诗，才真正变成了人嘛。

俊太郎　当然，小时候的我也尽力去体会父亲这一存在，但还是在自己谈恋爱之后才更深刻地感受到那种人情味。从那时开始我发生了一点变化。并不是你对我谈恋爱这件事说了些什么，而是因为恋爱，我终于能作为男人和你有了对等的身份，变得多少能理解你了（笑）。而且你几乎对我完全放手不管，这还是很值得我庆幸一番的。

彻　三　想想我自己也是这么任性过来的嘛。当年我也曾让爸爸头痛，所以儿子即便会让爸爸为难，也还是自由成长的好。

俊太郎　如果让我写关于父子关系的文章的话，我应该会说我们的关系是“君子之交淡如水”吧（笑）。听我朋友说他们和父亲剑拔弩张到离家出走，这我可没法想象。虽然不至于说羡慕，但我对这种父子关系中充满戏剧性的成分还真有点感兴趣，毕竟是和自己无缘的东西。

彻　三　我小时候一旦受伤，就得在父母面前跪下，双手触地谢罪。正所谓“身体发肤，受之父母，不敢毁伤，孝之始也”。我很排斥这种气氛。或许我的家庭也因为我的反抗变得多少自由了一些。

记　者　听说您家里相当近代化且十分自由？

彻　三　（对记者）我和内人是一种朋友关系，这一点从很久以前开始就还挺让人觉得新奇的。我俩经常会牵着手散步，或是一起去酒吧。（对俊太郎）有件很有意思的事儿。

我们结婚之后回老家那次，你妈妈那时直接叫我的名字“彻三”，大正时代，在乡下这么称呼自己丈夫是难以想象的。鲤江[1]的婶婶就和她说：“多喜[2]啊，你可别这么称呼彻三先生了，太不像话了。”然后安田[3]的婶婶就接道：“没事儿，这没什么大不了的，净琉璃里不也直接喊‘传兵卫’[4]嘛。”（笑）两位婶婶因为这大吵了一场（笑）。

俊太郎 我成长的家庭虽然也有作为自由个体集合的优点，但并不是我现在所思考的那种，充当一种思考方式的基本单位的家庭。如果让我谈家庭理念的话，虽然和日本式的家庭完全不同——大致上持自由主义观点的人会认为，把人类浓缩到极限的最小单位就是个人。但如果让我浓缩到最小单位的话，我会认为是男人和女人。家庭的观念也由此产生。像爸爸你就是，我刚出生的时候，比起一家三口愉快度日，你对自己的工作更有热情对吧？

彻　三 没错。

俊太郎 我在这点上有些不同。自己的工作当然也很重要，但和妻子孩子三个人一起活下去对我来说更重要。不过产生这种想法的同时，我也对自己感到些许疑问……这里面也体现了女性观，我想，恐怕我要更女权一些。在自己

1　爱知县常滑市的地名。（原注）
2　谷川俊太郎母亲的名字。（原注）
3　爱知县小牧市的地名。（原注）
4　指以阿俊和传兵卫两人的殉情事件为题材的一系列歌舞伎、净琉璃作品，净琉璃中以《近顷河原达引》中的《堀川之段》最为知名。

生命的长河中，我对女性的温柔与博大有着很高的评价。恐怕我没有女性就活不下去，所以我基本不会去想着只靠男人来成就事业。虽然嘴上说得好听，爸爸你在咱们家里实在是个暴君（笑）。

彻 三　这方面果然还是会受到时代的影响吧。作为出生在明治年间的人，就算心里想温柔体贴一番，嘴上却总不由自主地呵责别人……快三十岁的时候，我写了一篇叫《孤独》的随笔，里面我写道，与孤独 =Einsamkeit[1] 相对的是 Zweisamkeit[2]，与“独自一人”相对的是“彼此相伴”。很长一段时间内我在流浪，（对记者）使我从流浪中重新恢复、安身立命的，正是我和内人的相遇。在这个意义上，我很感谢和内人的相遇。当时的我想过，作为生活的基础，“独自一人”的生活对我来说是不可或缺的，但在现实生活之中支撑着这种“独自一人”的生活的，恰恰是“彼此相伴”。年轻时的这份感情我曾遗忘了许久，过了六十岁才再次变得迫切起来。可能这就是老夫老妻的感情吧，在这个意义上我和俊太郎的想法比较接近。

1　德语，意为独自一人的生活、孤独。

2　德语，意为二人世界。

平安长成普通人

彻　三　俊太郎小的时候我常说，要把这孩子培养成工程师。

俊太郎　无奈本人数学才能为零啊（笑）。小学的时候我连作文都写得特别不好，画画倒还不错。

彻　三　对颜色的感觉确实挺好的。我虽然没想过你能成为诗人，但是想过说不定你能做个画家。我自己也喜欢画，感觉你要是能做个画家也不赖。但还是想把你培养成工程师啊。机械这玩意儿我只能搞破坏，根本组装不起来。没有这方面的才能啊……

俊太郎　有一回你说什么“电灯的电源线卡在橱柜里了，所以就不通电了吧？”可把我吓了一跳。这是活在 20 世纪的人类吗？（笑）

彻　三　可能就是因为我没有（这个天分），所以总感觉体格健硕的工程师作为劳动者最有安全感。我想让你平平安安地生活嘛。

俊太郎　我的孩子虽然还在襁褓中，但有条件的话我也想让他往理科这方面发展。估计这就是我自卑情结的体现吧。工程师多有前景啊。我可不想让他当诗人（笑）。做父母的总是在孩子身上寄托希望（笑）。

彻　三　我培养孩子的方针始终还是要让他做个普通人，既不用他去上什么特殊的学校，也反对进行所谓的才能教育。所以就把你送去教会幼儿园了。

俊太郎　我认为这是段特别好的经历。在那种环境下独生子女很弱小，虽然也有可能变得以自我为中心，与别人格格不入，但也多亏了被别的坏小孩欺负，我慢慢变得成熟。

彻　三　有这个可能。

俊太郎　我说不去上大学的时候，妈妈夹在爸爸和我之间，受了很多委屈吧。我当时有话不会和爸爸直接说，都是通过妈妈转达。我说不上大学，爸爸非要让我去，那段日子我到底跟妈妈抱怨了多少啊。

记　者　您是怎么决心不去读大学的呢？

俊太郎　怎么讲呢，归根结底还是不愿意被束缚吧。我们那个时候高中正好处于新式和旧式的转换期，校舍都是那种兵营改造的简陋木棚，老师们在战败后的混乱中失去了自信，大体上很无聊。那时候根本不存在现在这种西方化的学校生活的乐趣，读不了想读的书，只是一味被填鸭教授数学、物理这些跟自己的生活毫无关系的东西。我觉得特别不合理。在这个年龄段，有许多想读的书，也有许多值得去感受的东西，不去想、不去读，对我来说这怎么能行呢？

彻三　（俊太郎）不爱上学的时候，很有意思的是，你总是说，讨厌做操，受不了做操的时候要排成一列纵队。作为我的儿子，我觉得你说出这种话确实让人困惑；但作为一位青年，你的这种感性的确让我感到十分有趣。虽然和你有点不同，但爸爸年轻的时候也有一段时期在漂泊流浪。完全不去学校上课，而是去看看表演，听听相声，或者是去旅行，就如同字面意义上在漂泊。这也是精神的漂泊。

俊太郎　你是觉得在学校里学习特别没有价值吗？

彻　三　与其说是在学校里学习没有价值，不如说是，在更多的方面，做什么都没意思，没有意义。人生这东西到底有什么意义呢？活着有什么意义呢？每天都只是絮絮叨叨地在思考这些问题。不去上课的日子，我对图书馆着了迷，经常跑去看书。那时候让我终于能摆脱如同窥视漆黑深渊的感受的，是亲鸾[1]的《叹异抄》这本书。读着《叹异抄》，就好像在深渊底部出现了一双把我托住的手。那种感受说到底还是很消极，后来我有一次偶然读到了惠特曼[2]，他的诗里有很多特别晦涩的字眼，我看不明白，但也正因为看不懂，阅读的时候仿佛被诗中那节奏巨大的浪涛裹挟着，那种生命的气息吹拂着我，使我获得了很大的力量。

俊太郎　你还有一段时期特别仰慕劳伦斯[3]吧。那大概是什么时候？二十几岁？

1　亲鸾（1173—1263），日本佛教净土真宗初祖。

2　沃尔特・惠特曼（Walt Whitman，1819—1892），美国诗人。

3　戴维・赫伯特・劳伦斯（David Herbert Lawrence，1885—1930），英国小说家、评论家、诗人。代表作有《儿子和情人》《虹》《恋爱中的女人》等。

彻　三　不，那是三十岁以后了。在这之前我都不认识劳伦斯。

俊太郎　我大概是二十出头的时候吧，对劳伦斯佩服得五体投地，他的作品简直是我青年时代的《圣经》。

彻　三　我的高中时代，大正初年那会儿，说到交响乐当时在日本只有音乐学校才有。而且只靠音乐学校是办不起来的，得从海军军乐队那些地方把人请过来才能办成。那个时候在音乐学校第一次表演了贝多芬的《第五交响曲》。从开演前大家就特别激动。我也深深感动于贝多芬的音乐。“一战”之后，有不少流亡的音乐家来到日本。虽然是毫无名气的音乐家，但跟当时日本的水准相比还是十分精湛的。所谓音乐，既有把隐藏在自身的欲望、感情激发出来的一面，又有为苦恼、痛楚直至无所适从的精神赋予某种秩序的一面。那时候，也就是二十岁前后的那段日子，我要是能像现在一样随时都能欣赏到优美的音乐的话，说不定就不会流浪了。在这个意义上，现在的年轻人真幸福啊。

俊太郎　反过来说，我们现在有唱片，有广播，只要想听音乐就能无限地听下去对吧？这下音乐又有了太过泛滥、使人不禁厌烦的一面。我开始懂事的时候，能长时间记录音乐的 LP 唱片这种东西才刚刚发明出来，但普通的黑胶唱片我也听了很多。可以说，我是浸淫在音乐中长大的。这时候我就会生出一种深刻的疑问：像现在这样总听着音乐真的好吗？怎么说呢，音乐这种东西，如果和语言或理论来比较的话，还是非常暧昧的。这种暧昧性是不是带给了自己过多的影响，导致我不能思考下去呢？

彻　三　我觉得这是件好事啊。在这种情况下，暧昧就意味着直接。是用语言无法完全描述清楚的东西。

俊太郎　的确，我也觉得这是很好的体验。但与此同时，那个年龄段不正是接受思想洗礼的时候吗？而我对此完全没有接触，就这么度过了青年时代，虽然说正是因为没接触过这些才成就了现在的我啦，但多少有些后悔。我一岁的时候来到北轻井泽，从十几岁到二十岁出头的这段时间几乎都是在自然中生活，这对我来说确实是充实的。不必罗列什么道理，都是我真实的感受，我的的确确是这么觉得的，这才是最重要的。不读报纸也不听广播，与我同龄的人去读了大学，搞些反对破防法[1]的活动的时候，我却和这些东西无缘，继续过着我自己的生活。现在我再来到这片土地，却屡屡觉得，这种自然环境带来的慰藉也有它的极限。

彻　三　那时候我和你正相反，在东京的生活相对忙碌，一年中到北轻井泽度过一两个月对我来说是一种精神上的净化，也可以重新审视自然。所谓夜晚，在东京是无法体会的。过去的人们对夜晚所抱有的恐惧、那种伸手不见五指的黑暗，在这里就可以去感受，还有那种动物对火的恐惧、人类对火种的珍视，这样的感觉在这儿也会变得更加确定。还有那些琐事——比如待在树林中会碰上一大堆蛾子，这时候就会用废纸把它们包住，揉成一团

1　破防法，全称为《破坏活动防止法》，是对基于暴力主义实行破坏活动的团体施与限制措施和刑罚的日本法律。

丢进废纸篓对吧？可不知不觉间，蛾子会从纸团里爬出来！有时候，一种空虚的心境就会找上我。关于野兽昆虫的那些古老的诡异故事会变得无比真实。在东京无法想象的情感，在这里却会出乎意料地不断涌上心头。这对我而言是非常美好的体验。

记　者　俊太郎先生发表处女诗集《二十亿光年的孤独》[1]时应该是十九岁吧？

俊太郎　起初是快要从新式高中毕业的时候，有个文学青年的朋友劝我写，我才稍微开始动笔。到了准备高考的阶段，不都得看《萤雪时代》这类应考杂志嘛。数学实在太无聊，我一点都不想看，所以就想翻翻别的部分，正好在杂志后半部分有个投稿专栏。我一看，里面登载的诗都蹩脚得很。这么一看估计我也能写吧？那时候还不是出于自我的意愿来写诗，只是想拿个自动铅笔的奖品啦，或是拿点奖金啦，出于这样的目的投了几次稿，得了第一第二名。我更起劲儿了，就在这样继续写诗的过程中，我渐渐意识到了什么才是自己想表达的。那时候说要考东京大学，我一开始就知道自己肯定考不上，但是走形式我也必须得去考试，我就想着先去考，再落榜，总之想办法不上大学，无论如何得说服父亲才行。为此我怎么也得准备一个正当充分的理由吧？所以我就拿着写诗的笔记本，利用了我在写东西这件事。那些诗相对来说

1　诗人于1950年19岁开始于诗刊发表作品，后于1952年结集出版第一部诗集《二十亿光年的孤独》。

写得还可以，总算是稀里糊涂地不用进大学了。

彻　三　（对记者）我读书的时候，很喜欢读法国的象征主义诗歌。那时候爱读的书里有一本是（永井）荷风[1]的《珊瑚集》，我觉得他翻译得特别好。我以前也翻译过里尔克[2]的作品，所以在某种程度上我是能给俊太郎的诗以公平的评价的。公正地来看，写得不差，我就把里面我觉得写得可以的几首拿给三好达治[3]看。结果三好先生居然觉得他写得特别出色。通过三好先生的介绍，他第一次在《文学界》上刊登了几篇从里面选出的诗，之后就出了诗集。可在那之后，我也跟俊太郎说，咱们晚一点没关系，大学还是要念的……（笑）

（1961 年）

1　永井荷风（1879—1959），日本小说家。

2　赖纳・马利亚・里尔克（Rainer Maria Rilke，1875—1926），奥地利诗人。

3　三好达治（1900—1964），日本诗人。

谷川彻三（Tanikawa Tetsuzo）

1895 年生于爱知县。哲学家。毕业于京都帝国大学（现京都大学）哲学系。历任法政大学文学系教授、校长。与和辻哲郎、林达夫等人共同从事《思想》杂志编辑工作。著作有《感伤与反省》《东洋与西洋》《茶的美学》《生的哲学》《调和之感觉》《宫泽贤治的世界》《自传抄》等。1989 年去世。

即使已经有人踏上了月球，
我想，我仰望夜空中的月亮时的情绪也不会发生什么改变。

登月了，然后呢

对话者
谷川彻三

初登于《SUNDAY 每日》1969 年 8 月 3 日号。后收录于单行本《对谈》，昴书房盛光社，1974 年出版。

对科学的信赖增加

彻　三　不久前《华盛顿邮报》给我发来调查问卷。第一个问题就是:“人类登陆月球所带来的冲击中，您认为最强烈的是什么？”我是这样回答的:“对大多数人而言，应该是对科学、科学技术完成的伟业发出的纯朴的感叹。与此同时，也定然会进一步增强对科学技术的信赖感。我想，会有不少人由此生出对人类未来乐观的梦想。”其实这句是为了表达对这种乐观想法的怀疑而埋下的伏笔。俊太郎怎么想呢？你对宇宙的关注比我要强烈得多。

俊太郎　我那只是一介少年对天文学的幼稚关注罢了。不过我算是比较爱幻想的，估计是科幻小说读多了。往好的意义上说是看问题比较宏观，往坏里说就是有些不切实际啦。就比如刚才《华盛顿邮报》提的第一个问题，“登陆月球带来的最强烈的冲击”这点，换成我的话就会用非常感官的方式去理解。光是看到阿波罗 10 号拍摄的地球照片，对我而言就已经是很大的冲击了……

现在地球上超过三十亿的人口中，踏上月球的仅仅有两个人，我们却不会为此感到惊讶。只是极其自然地把它当成一件发生在自己身上的事那样去感受。实际上出钱的是美国，登月的也是美国人，我们却不会思考这是不是在侵犯人家的著作权，只是毫不在乎地表达“这是人类迈向月球的第一步”。

在这个意义上，宇航员的眼睛就相当于我们自己的眼睛，宇航员接触的月球我们仿佛也正在接触，通过最尖端的科学技术完成的交流就这样成为近在咫尺的事情。冲击我内心最深处的，恐怕是这种纯粹感觉上的东西。所以我很强烈地感受到，比起用抽象的语言去表述，一张照片或是几分钟的对话，会带来某些改变，这可能是我自己都没察觉到的部分，但这种感受太强烈了。

我们所有身为“人类”的人

彻　三　无论是宗教还是人类，都有很多让人不得不去思考的地方。我最近读了阿波罗 10 号上三个宇航员的手记，很有意思。登月是一段非常了不起的经历，但在这个过程中，即使有向上帝祈祷的成分，也没有直接构成一种宗教性的体验。可以说，他们通过登月第一次意识到，自己的体验完全等同于人类的初体验。其中时不时会有让人屏住呼吸的瞬间，也有互相开玩笑的时候，但我在读手记时清清楚楚地感受到了他们这种宇宙体验有多么的深刻。

那么这种体验必然会与宗教性的体验构成关联吗？这要分人来看。今后这种经验还会由人不断来积累，那么对迄今为止只把地球作为生存空间的人而言，或许会引发新的某种意识的革命。现在我只是将其作为一种可能性来谈，如果真的发生了这种革命，首先意味着会有更多的人去思考关于整个人类的问题。从历史上看，也有学者主张所谓人类的意识就是以上帝的意识作为媒介。

还有一点，面对核武器这种足以灭绝人类的武器的威胁，人类正在逐步形成一个命运共同体。从这点出发，人也会生出身为“人类”的意识。

未来如果不只局限在地球，而是能频繁往来于地球与月球之间的话，那我想，与以往产生人类意识的两种方式不同，人可能会以一种新的方式来意识“人类”。

当然，这只是在谈“可能性”。

俊太郎 对这次登月壮举的描述中，大多都在用“人类”这个词，而不是用“人”。我的想法是，这和日语微妙的语感密不可分。

“人类”和“人”这两个词我们平常是怎么区分的，我想不同的人会给出大相径庭的答案。那我个人的意见是，“人类”这个词和“哺乳类”一样，比较接近生物学上的概念、分类。也就是说，特别从外部来观察的话，“人类”这个概念，某种意义上还是能够比较乐观地来描述“人”这一集合的。

确实就像你说的，核武器的威胁造就命运共同体，有这么一种严苛的命运存在，从某种意义上说，“人类”这个词免不了带有一股欺瞒的味道。实际上，我们地球上的人还远没有像“人类”这个词所形容的那样能合为一体，只不过是发生了登月这一极具戏剧性的事件，我们就轻易地搬出“人类”这么一个理想中的形象。

跟“人类”不同，“人”这个概念要更鲜活，就像日语里把它写作“人间”一样，它就是一个发生在人与人之间的——譬如自己和妻子之间的关系，和朋友之间的关系，和上司之间的关系——包含了日常生活中所有这些令人不快却又因此充满人味儿的关系的概念。当然从另一个角度看，“人”这个字其实也蕴含着人性的高贵，但这个概念实际上真的很复杂，虽然我们平时随口就能说出“人”这个字，但提起时总不免偏向悲观。所以当我们遇到登月这样的局面时，是不是下意识地避开了“人”这个字呢？

求知的热情使我们奔赴宇宙

俊太郎　从精神层面上来说，虽说与基督教、佛教这种有着明确体系的宗教无关，但我还是从人类飞往月球这件事上感受到某种宗教性的东西。

据说英国历史学家阿诺德·J. 汤因比使用了“探险”这个词，但地球上可供人们探险的部分已所剩无几，从一定程度上了解了地球，下一步人自然要迈向宇宙。驱使人采取这种行动的最深层的原因，我想还是基于从人开始直立行走起就已存在的、人之为人的疑问：我是谁，人又究竟是什么。

和从前一样，我们总是在思考自己为什么诞生在这颗行星上。即使给我们提供一个像进化论这样暧昧的理论，我们仍无法满足，阴郁的怀疑始终存在于我们心中。即使穷尽了对地球的认知，我们仍无法解开人类诞生的谜团，或者说我们仍不可知自己究竟是一种怎样的存在。

这种求知的热情驱使着人们奔赴宇宙。它与征服欲不同，与那种地球上的矿物资源总有枯竭的时候，所以我们要去其他行星殖民，把资源据为己有的欲望当然也不一样。它更加贴近人的本源，类似于好奇心，有点让人瘆得慌，我想它是这么一种热情。

彻　三　即使已经有人踏上了月球，我想，我仰望夜空中的月亮时的情绪也不会发生什么改变。因为那是一种对美的感知与情感相结合的感动。

俊太郎 我想我也不会改变。实际上当我想到登月宇航员的时候，我会去想象，他们当时所感受到的情绪虽然不至于是恐惧，但的确是一种强烈的畏惧吧？当然，他们受到最先进的科学技术 99.999% 的保护，确信自己的安全，但当他们真的被丢进漆黑的太空中，远远眺望蓝色的地球，这对他们而言怎么可能不是一种充满神秘的体验呢？把宇航员的这种体验单纯地视为科学的产物，我想还是略显肤浅了一些。

去天堂，还是地狱

彻　三　有人说，飞往月球这种“伟业”会不会唤醒人类意识，彻底消除人与人之间的战争呢？这个我可说不好。实际上科幻小说里就有很多儿童读物以各种星球之间的战争为题材。光靠登月这一点，并不能确定是否会产生消除战争的意识。

俊太郎　登月带来的影响应该是极其缓慢的。怎么说呢，当我们使用“人类”这个词，把人类整体作为一个物种来看待的话，物种本身是在不断进化的，这个观点是由一位叫泰亚尔·德·夏尔丹的天主教思想家提出的。从这个观点出发，当物种接触月球，就意味着一种明确的进化。那么，物种中包含的每个人作为个体又如何呢？文艺复兴时期不是一直在强调“个人”这个概念嘛。直到现在我们也动不动就提到“个人的尊严”，所谓民主主义也是建立在个人的基础上。

这个“个人”，并不是那么容易改变的。但如果我们用一种非常粗略的方法来审视的话，某种层面上，从前那个非常野蛮的时代，部族间或者说氏族间的结合非常紧密，个人的力量可能很薄弱。之后随着文明逐步发展，个人的力量也逐渐增强。今后的时代，可能不仅限于一个国家的人民、部族、氏族，而是全人类来凝聚成一个以地球为单位的集合，个人的力量在某种意义上会再次减弱，我有这种预感。

彻　三　所以工业文明究竟是给人类带来天堂还是地狱，对此我们只能说不知道。经济机制本身也是如此，一旦一种机制形成，它就会依照自身的逻辑和结构自我运作。在文明的各种领域都可以观测到这种情况。政治、科学、艺术、哲学、宗教，它无处不在。

从这个角度来看，也就是说文明的各个领域一旦得到承认，便会开始依照自身的逻辑和结构来自我运作。正是这一点引发了人的异化。

我认为人文主义最原始的形态就是对人的这种自我异化所提出的抗议。所以即使同样被称作人文主义，文艺复兴时期的人文主义和因 19 到 20 世纪的近代文明所产生的人文主义，在历史现象的形态上还是显示出迥然不同的倾向。

但是，无论是哪一方，在对“否定人之为人的存在方式”进行抗议这一点上都保持着一致。而在这个意义上，幸福就是一个非常富有人性的概念。工业文明究竟会把人类从幸福这个原点带往天国还是地狱，可能还没有答案。

登月只是一件小事

彻　三　有一种意见是，花在阿波罗计划上的费用应当拿来救济地球上的贫困。这不能如此单纯地断言。如果是站在穷人的立场上，说这话是理所应当。但我不认为宇宙开发是毫无意义的。首先，面对未知事物时产生的冲动既是人的本能，又是人类进步的原动力，我们必须对其加以发展。其次，假如说从月球上带回了一块石头，我们不能断定它不会带来什么科学新发现，也有可能在月球上发现一些低等生物。

总之，就太阳系而言，它是怎么形成的，地球、月球又是怎么形成的，关于这个问题，作为一个假说，我们虽然已经有了相当权威的说法，但它仍然局限于假说的范围。通过对月球的探险，我们很有可能发现一些能够推翻之前假说的新的事实。

即使只是一种可能性，我们仍然要承认它的存在，所以我不认为宇宙开发、探索月球这种事没有意义。但我最担心的是，这种开发有很大一部分是出于军事上的动机实行的。这让我非常忧虑。

俊太郎　人类登陆月球，归根到底可能只是一件小事。从我对未来的印象来说，与其他行星上的智慧生物相会才是足以开创一个新时代的最具影响力的事件，接触月球则是通往它的第一步。今后我们可能还会飞往火星，飞往金星，虽然不知道在我们活着的时候能不能看到它们实现，但人们的确在以这样的方式——即使是一种没有把握的方式——像一个幼童，朝着宇宙东倒西歪地迈出了脚步。如果不把探月、登月作为其中一环来考虑的话，我想是没有什么意义的。

所以说，与其他智慧生物会面不一定是我们人类出发去见外星人，也有可能是对方来地球见我们。假使这件事发生了，人类或者说人的意识一定会因为受到巨大的冲击发生改变，而这个改变的方向才是问题所在。最让人毛骨悚然的一种假设是，人文主义本身会堕落为一种巨大的利己主义。我们现在也经常谈到国家规模的利己主义，和它相同的东西发展成地球规模，总之无法与其他智慧生物交流思想，它们可怕，干脆都杀了吧！万一发展成这样才是最恐怖的，我想也有发生这种事情的可能性吧？说不定我们是狗呢，外星人觉得人类是狗，直接狠狠地敲过来（笑）。

彻　三　考虑到这种科学和技术的发达，再来思考登月之后的问题的话，我想这里依然有宗教的使命存在。前一阵英国的杂志上刊载了安德烈·马尔罗[1]的讲话，他表示，现代文明是唯一没有宗教这种约束力的文明。马尔罗应该是感受到了某种危险，我阅读的时候也深感共鸣。迄今为止的所有文明中，宗教一直把人类，特别是社会生活和

1　安德烈·马尔罗（André Malraux，1901—1976），法国作家，曾于1959年至1969年出任法国第一任文化部部长。

人的各种行动约束在一个较高的层次。现代的虚无主义就在作为约束的宗教逐渐销声匿迹的背景下诞生了。

包含人类能够去往月球这一事实在内的，伴随宇宙开发所产生的宇宙体验，是不是也会慢慢地担起曾经宗教所肩负的职责，去约束人的行动、人的思考呢？如果真的能做到的话就太好了。并不是没有这种可能性。就像爱因斯坦所说的，在每个人的心中培养一种“宇宙宗教感情”，并使它觉醒……不过，我只是说说我个人的愿望，现实中恐怕很难实现。

（1969年）

外山滋比古（Toyama Shigehiko）

1923 年生于爱知县，英国文学研究者。御茶水女子大学名誉教授。毕业于东京文理科大学（现筑波大学）文学部英文系。历任杂志《英语青年》总编、东京教育大学副教授、昭和女子大学教授。著作有《日语的逻辑》《思考的整理学》《俳句式》《古典论》《知性的生活术》等。2020 年去世。

我们可能是把重要的话藏在肚子里，靠心灵就足以相通了。
我想这其实是一种纤细的情感。

诗里的声音

对话者
外山滋比古

登于《尤里卡》1973 年 3 月号。后收录于单行本《对谈》，昴书房盛光社，1974 年出版。

何谓声音

外　山　这次我读了谷川的作品，才意识到自己迄今为止对现代诗人有少许误会。可以说，谷川的工作解决了大部分一直以来让我感到不满的问题。举例来说的话，优秀的现代诗都失去了节奏、声音。在自己的圈子里互相理解可能没有问题，但在外部是听不到诗的声音的。就是因为我一直以来对此相当不满，所以才在《尤里卡》杂志上写了一篇粗暴的批评（1972 年 9 月号《翻译文化与诗的语言》）。我也做好了诸位大诗人对我大发雷霆的心理准备，只是作为一个不通人情世故的人写了这篇文章。不过读了你的作品之后，这个不满已经解决得差不多了。

谷　川　平时您不怎么读日本的现代诗吗？

外　山　确实是不读的。战争时期我还在读书，那时对三好达治的《一点钟》评价特别高，我觉得三好的诗里是有声音要素的。但是战后的诗人呢，说什么很老套，又说什么除此之外别无他法，这可把我吓着了，心想，这跟我们思考的东西可差太多了（笑）。我从西胁顺三郎[1]老师那里学的是英国文学，不是诗歌，但偶尔在教室里闲谈时也会聊到诗，但包括西胁老师的诗在内，我都觉得诗和

1　西胁顺三郎（1894—1982），日本诗人，英国文学研究家。生于新潟县。

我们这类人能欣赏的东西有所不同。

谷　川　我读了您发表在《尤里卡》9月号上的那篇文章之后，觉得您指出的“没有声音”这个观点非常中肯。但是，没有声音这个问题虽然确实存在，但是这个“声音”究竟是指什么，很难得出明确的答案。最让我痛感日本的现代诗里没有声音的，要数尝试朗诵自己作品的时候。我会遇到一个问题，就是到底要怎么去读。当然我们也可以勉强地说，在可以自由诠释这点上，还是能感受到日本现代诗“出声朗读”的魅力所在的。但是，就是因为诠释的方法太过自由了，这个朗读的声音怎么想都不是诗歌本身的声音。有时候读得像在表演话剧，有时又读得像是唱浪花曲[1]，或干脆像是在诵经。然后要是富有经验的老诗人来读的话呢，又会反过来，直接变成小声嘟哝了。就是因为我们能自由地选择朗诵的方式，才导致了日本的现代诗渐渐失去了声音。我听过几次英语诗歌的朗诵，只觉得单调得很。不光是现代诗，也读了一些近代的诗歌，结果无论是什么诗听起来都一样，像是一张纸那么平。有个美国人问我：“你觉得英语诗歌怎么样？”我只好回答：“听起来十分单调。”结果大家都忍俊不禁了。这件事就好像牢牢地粘在我脑袋里似的。大家笑话我，就是我的耳朵到底有多么没法捕捉到英语诗歌玄妙音乐性的证据。而且，英语诗在我们听来如此单调，反而显示出在英语诗里基本上存在着一种能够径

1　浪花曲，又称作浪曲，日本传统说唱艺术。使用三味线伴奏，以独特的节奏和语气来叙述故事。

直穿透我们耳朵的声音。那么，假设英语的诗歌里有声音，这个声音究竟是什么样的东西，我想请教一下外山先生。

外　山　我对外语的理解也还远没有达到能体感诗歌声音的程度，仅从推测的角度来讲，写作诗歌的人是必须认识抑扬格（iambic）[1]这种轻重节奏的。故意避开抑扬格也是一种节奏。抑扬格在我们的耳朵听来的确比较单调。

谷　川　原来如此。

外　山　抑扬格这种节奏形式并不像七五调[2]一样有着明显的特别谐调。但它是一种基本形态，即使是自由格律诗也会把抑扬格作为某种基准，在它的基础上演绎出种种变化。除此之外，还有一点就是不论是否押韵，都会有着意处理句尾的意识。万一落入俗套就会故意不押韵，总之，在两句诗形成一个对子（couplet）时，考虑到这两句诗之间音律的互相呼应，如果上句是以破裂音结束的话，下一句就必须要用发音比较柔和的词语。像这样，特意去安排发音，用听觉来捕捉、把握的语言搭配才是英语诗歌的基本形态。芭蕉[3]不也说过在舌尖吟哦千遍方成句这样的话嘛，在铺开稿纸或是面对打字机之前，先用

1　抑扬格（iambic），英文诗歌中最为常用的格律。如果一个音步（即某种固定的轻读重读搭配）中有两个音节，前者为轻，后者为重，则称为抑扬格音步，轻读为“抑”，重读为“扬”。

2　七五调，即日本诗歌、韵文中反复用七音、五音构成的格律。

3　松尾芭蕉（1644—1694），日本江户时代前期的俳人。

作为声音的语言来把握脑中的节奏。等到觉得还不错的时候，才会落到笔头上。

但是我们……我今天也准备向谷川请教这个问题，我们作诗的时候，大概酝酿到一个什么程度才会把它落实为文字呢？是等到能用听觉完全把握住诗歌的语言后才会把它写在稿纸上吗？还是说要在稿纸上对语言反复推敲至最终确定的形态呢？我们的语言观念从过去开始就一直有重视文字表现的传统，无论怎么样，还是要把它写在纸上才能得以明确。语言，它视觉上的想象力发挥了非常强大的作用，不把它写出来，让它拥有确凿的形态，我们就无法把握它整体的边界。光靠耳朵听会觉得哪里靠不住，这种感觉不光是读者会有，连作者也会有，这说明我们诉诸听觉想象力的东西还是太少了。

即使是诗人朗读自己的诗歌的时候，听众也会先把听到的声音在脑中转变成文字，才能理解内容不是吗？就是说，至少在人们意识的基底，始终有文字存在。能仅靠声音自立的诗歌，即使把俳句、短歌都算在内也非常少见吧？而且不光是诗歌的世界，像演讲这类也是，一旦谈到比较高深的话题就会立刻听不明白。

把语言整理成书的时候，为了能让它经得起阅读的考验，我们可以添补一些词句来增加语言的生动性，但把演讲内容整理成书却不怎么受欢迎。在欧洲，如果演讲稿能完全照原样出版，就会成为具有高度学术文化价值的作品。在日语中我们一般把lecture这个词翻译成“讲义”，实际上真正的lecture和日本的讲义不同，它包含了演讲、讲义甚至是学术著作，这样的 lecture 才能成书。我们阅读的时候，丝毫不会觉得它只是把一些没有条理的东西整理到一起。也就是说，他们欧洲人的耳朵即使在日常生活中，也有能够捕捉把握相当抽象的、知性的内容的能力。

欧洲只有一种语言，谷川等的诗里则有两种

谷　川　总而言之，听了您说的之后，我觉得这是语言本身的问题。举个例子，虽然这只是个笑话啦。我父亲虽然是研究哲学的，但是在战后才第一次去了希腊。然后他特别惊奇，因为在希腊连商店招牌上都是哲学用语（笑）。这是理所当然的，不管是德语还是希腊语，那些日常生活中使用的词语也会原原本本地用在描述高度抽象思维的语言中嘛。但在日本，谈到哲学就必须要罗列上非常晦涩的汉字词才行，否则就不算是哲学了。用口语来构想哲学的学者寥寥无几，即使有人这么做，他们也常常被视作异类，遭到排挤。像这样，日语其实是有因为引入汉语才形成的强烈特殊性的。演讲的情况则是，因为要用口语表述，就不能大量使用同音异义词较多的汉字词，所以就必须把内容转换成口语形式才可以。如果把演讲直接记录成文字的话，多少会显得语言不够厚重吧。

外　山　是啊。以前就有这种偏见，认为汉字比较高级，假名则是耳朵听到的语言，更接近声音，太过日常所以没什么价值，一到正式场合大家都会尽量使用带汉字的语言。欧洲只有一种语言，日本则有两种，就是汉字和假名。写作的时候多写汉字，说话的时候因为同音异义词太多了，为了不造成误会就酌情替换成大和语言来表达，我

们把汉字和假名这两种东西统一称为语言。

欧洲的话大体上是口语系统。哲学得用口语来研究，诗歌学问也多用口语。日常对话当然也是口语。在好的意义上和不好的意义上都体现了一元性。缺点就是，一旦涉及比较抽象性的思考，欧洲人或许就得吃不少苦头。如果不创造一大堆专有名词的话，研究自然科学的人就会非常难办。

日本的话，因为会分情况使用两种语言，明治初期引入欧洲文化的时候，大概是因为有尽量把它们作为一种高级学问来接收的愿望，哲学更是各学科绝对的中心，所以必须得用汉字词来表达。所谓“存在”肯定不能用“有的东西”来表达，所以把德语的 Sein 翻译成“存在”。Sein 相当于英语的 be 动词，所以准确来说翻译成“有”并没什么错误，但是看起来一点儿也不学术。把“知道”这个词翻译成“认识”，用汉字把它与日常用语区分开来，维护它作为词语的独立性。明治二十年（1887）前后引入日本的，西方智慧最基础的语言中的名词，大多使用了两个汉字组成的日语词汇来表述。这是明治时代（1868—1912）日本人无与伦比的功绩。像这样，把那些相对复杂的概念用两个汉字来形容，而不是烦琐地用“做什么什么”来描述，这是明治人的功劳，但也导致我们的耳朵难以听懂这些学术语言，因为没办法把它们转换成日常听惯的词汇。必须读书本儿才能理解。于是，学术世界和日常世界之间就形成了巨大的隔阂。诗歌也是这样吧，特别是对那些接触了欧洲新诗的人，多少应该有点儿这种朝着远离声音的方向前进的倾向。

谷　川　从开始写新体诗，我们就已经是完全的双重语言系统了。连我都是这样，只要稍微围绕语言进行一下思考，就会意识到，即使是现在，汉字在我们眼中也带着强烈的“外语”色彩。虽然是外语，但我们的思想已经在汉字的基础上建立，思考模式也已经形成，绝对不可能把它排除出去。譬如说，日本人引入了汉诗，但是引入的时候彻底抛弃了汉语真正的发音，也就是说我们只引进了汉字的外形，并且还用读音顺序符号这种非常聪明的方法把它融入日语。想想我们的民族也真是奇妙，怎么就能想到用这种方式来读外语呢？所以就像这样，汉字这种东西没有逃跑，而是最终渗透到了我们的语言中。确实，明治初年的思想家、翻译家非常巧妙地用汉字引入了众多西方文明开化的产物，但设想一下，如果他们能在翻译时再多花些时间仔细琢磨一番的话，可能现在诗歌面对的问题也会呈现出大相径庭的形态。从其他文化圈传来的诸多概念，实际上并未在我们的生活中扎根，所以没有可以对应的语言。为了表达这些概念，汉字的确是十分便利的吧。

谷　川　不过，像外山先生您提到的这种文字，比如说平假名或是大和语言，它们都比较容易靠听觉来认知，但实际上，能被日本人的耳朵所接受的也不止这些文字吧？听听全共斗[1]的那些学生使用的口号，即使都是些异常艰涩的

1　全共斗，全称为“全学共斗会议”，是日本各大学在1968、1969年学生运动团体实行包括路障封锁、罢课等在内的斗争之际，跨学院、跨党派组织的大学内部联合体。

汉字的罗列，这种声音在日本人听来也似乎有种令人不禁昏昏然的魔力。

外 山　确实。

谷 川　举个我们身边的例子。有一位叫吉增刚造的诗人。他的诗中大量使用汉字，并且以一种近似无意识自动书写的状态来进行创作，也就是说他在写诗的时候根本不会考虑作品是不是通俗易懂。有几回我和他一起举办朗读活动的时候，听他伴着爵士乐朗诵自己的诗歌，这可太有意思了。怎么讲呢，他的诗写的是什么意思，是根本听不懂的。但是，却有一种让人酩酊大醉的强大力量，他也很果断地在强调这一点。管它是什么浪花曲、念经、声明[1]还是义太夫[2]，全都被他以独有的方式引入朗诵中。并且，与其说他是刻意加入模仿以上读法的成分，倒不如说，一旦出声朗读自己包含大量汉字的诗，就会自然而然地形成这种抑扬顿挫的效果。完全是自发行为。所以，作为听众，我们也觉得非常合理，因为听起来很自然嘛。但你能说他那是日语的声音吗？我觉得恐怕不能断定。他为了在朗诵时达到这种效果，是要陷入一种迷乱、恍惚的状态的。也就是说，他彻彻底底地排除了所有第二人称的受众。所以不管台下有几百个听众，诗人都不会采取任何对他们诉说的态度。也就是说，跟巫婆招魂上身没有两样，只是诗人在自我陶醉，诗作也仿佛

1　这里的“声明”是佛教用语，指佛教仪式上僧人唱诵经文、赞扬佛德的音乐。

2　义太夫，即义太夫节，江户时代前期由大阪的竹本义太夫创始的一种净琉璃，属于日本国家重要无形文化财产。

直挺挺地伫立在那儿，就跟一个物体似的。说极端点儿……我们呢，就是在外侧进行观察，发出一些顶礼膜拜的感叹罢了（笑）。

外　山　日本有读佛经的习惯。其实谁都听不懂，不管是念经的和尚还是听经的信众。这就是物理意义上的声音。但作为语言存在的声音，其实要更接近音乐。就跟你虽然一点儿都不懂意大利语，但还是会去看意大利歌剧的演出是一个道理。其实这就是现代版的听经。今时今日，和尚自己也不懂《阿弥陀经》讲的是什么，但还是会吟诵它。实际上这是一种自我陶醉。对听经的人而言，它也确实有一种音乐性的效果，虽然听不懂是什么意思，却会觉得有种感念恩德的心理。换成歌剧，我们只能懂个大概意思，但听的时候却会觉得，真好听啊。天主教的弥撒，所用之语也净是些拉丁语的高级表达，也就是说，即使在欧洲，我们也能举出这样的个例。但是，特别是在我们国家，长期被佛教熏陶的听觉就会有一种把语言作为音乐的一部分来聆听的传统，这自然也形成了一种声音。但这种声音和我们现在思考的、作为由某人来表达的语言而存在的声音相距甚远。所以我想，在诗歌这种形式中，声音和语言的关系能再紧密一点就好了。对于现代诗，我并不是说它完全不存在声音，而是说，声音虽然存在，但却是自言自语、自我陶醉的声音，几乎没有任何用以传达给他人的要素。所以，如果要读者对诗歌产生信任的心理，那还是得像信众感恩念经一样，读者得皈依某个诗人、某个文学家门下才行。有了皈依关系，诗作就能发挥麻醉药的出色效果，没有皈依关系，读者就会云里雾里，不知所云。在这个层面上，我想我们作为听觉的语言发展得还很不充分。

重新来看明治时期以后的翻译，我们会发现，只是翻译了单词，除此之外，无论是行文脉络还是语言的节奏都无法翻译。如果是法语和英语进行互译，翻译文字可以相当忠实地反映原文的行文脉络，但换成日语，因为文脉大相径庭，即使翻译也不过是逐词对译罢了。甚至我们想方设法强行翻译出来的也尽是些名词，转换成的还是汉字词。也就是说，在这个过程中，文脉、节奏、语序统统都没有了。所以我们根本无法完成像是思想这种大语言单位的翻译。只是围绕着名词进行翻译，像近视眼一样紧盯着这些词浮想联翩，原本就很抽象的东西变得更抽象、更含糊，从而又生出许多细微的差别。这些东西在我们的脑袋里自动结合，让我们深信不疑，欧洲人肯定就是这么想的！我想即使是现在也残留着不少当年的这种思维模式吧。所以连英国人都要说，日本人理解外语的方法太过拘泥于分析。欧洲人进行翻译的时候，首先要纵观作品整体，一旦确定了这个作品属于某种类型，那么不符合这一类型的东西就会被全部抛弃。亚瑟·韦利[1]翻译的《源氏物语》就是如此，首先认定作品整体的印象，这是王朝文学，接下来就要配合它来重新构筑自己的语言世界。像我们的话，如果不是逐字逐句忠实地进行转换，就不会认为这是翻译。于是呢，我们就无视了日语和英语行文脉络的差异，硬是一个字一

1　亚瑟·韦利（Arthur Waley，1889—1966），英国东方学学者、汉学家。

个字对应着翻下去，脑袋里各种词语颠来倒去，生出种种奇妙的意思，实际上根本没能达到翻译的效果。正是因为太过拘泥于一小部分语言的分析和置换，而没能做到整体的翻译，所以语言原本拥有的时间性的要素从我们的译文中消失了，或者也可能被替换成了绘画性的要素。

怎样判断一个作品是不是诗

谷　川　回到诗歌的话题上，现在就算是英语诗也不怎么讲究押韵了吧？我们日本的诗更是没有任何规则的束缚，也就是说怎么写都行。话说得绝一点儿，就算我们写篇彻头彻尾的散文，指着它硬说是诗都行得通。那在英语中，现在还有没有一种明确的范畴，用来判断一个作品是不是诗呢？即使现在渐渐没有写诗的规则了。

外　山　这个问题很难回答啊。所谓诗和所谓散文的本质上的区别，引用艾弗·阿姆斯特朗·瑞恰慈[1]的理论，是要看文本是否拥有情绪性的要素，是否只拥有科学的、定义上的意义。但这个理论也非常主观。根据阅读的方式不同，我们也可以说，某个文本采用了非常诗化的语言，即使不能成为决定性的依据，但我想在形式上也可以进行判断。也就是分行书写的形式。如果用散文的方式连在一起写就称为散文的东西，在一定程度上分分行的话，就会变成诗歌不是吗？关键还是要看你怎么去阅读。即使是在我们国家，品读散文和品读作为诗歌成立的东西时还是有阅读方式上的差异的。我想，这就是诗歌和散文在形式上的很大的区别。

1　艾弗·阿姆斯特朗·瑞恰慈（Ivor Armstrong Richards，1893—1979），英国文学批评家、英语教育家、修辞学家。代表作有《文学批评原理》（1924）、《科学与诗》（1926）等。（原注）

既没有节奏，也不押韵。听上去一样，印刷出来却呈现诗歌的形态。朗读它的时候，也会成为某种限制。事实上，华特·荷瑞修·佩特[1]就在用非常奇特的方式写散文，每写一句就换一张新纸。而负责编辑的威廉·巴特勒·叶芝[2]则把佩特的评论《蒙娜丽莎论》酌情分行，直接放到了现代诗选集的卷首。评论就这么变成了诗歌。在 20 世纪初，诗和散文就是如此接近，只要写成诗的样子就能成诗。原本的《蒙娜丽莎论》是散文，谁看都不会觉得它是诗。但只要在印刷上动动脑筋，散文就会变成诗，许多读者就会因此认为，哦，原来这就是非常有近代诗风格的现代诗。

谷　川　听您这么说，感觉和日本的情况也没什么区别呀。

外　山　正是如此。

谷　川　说起来，挺久之前我读了一篇吉田健一[3]先生的文章，据说如果谈到英语诗，聊到“某某是个好诗人”这样的话题时，就会说，是啊，他的哪首诗的哪三行写得特别好，会像这样把话题继续聊下去。但是日本人呢，提到哪个诗人写得好，只会说什么他是东京大学毕业的，或者他是谁谁谁的徒弟，我觉得这种思想非常有问题啊（笑）。

1　华特·荷瑞修·佩特（Walter Horatio Pater，1839—1894），英国维多利亚时代的作家。代表作有《文艺复兴》《享乐主义者马里乌斯》等。（原注）

2　威廉·巴特勒·叶芝（William Butler Yeats，1865—1939），爱尔兰诗人、剧作家、散文家。

3　吉田健一（1912—1977），日本文学评论家、英国文学翻译家、小说家。

外　山　没错没错。

谷　川　在这点上可太不一样了。还有一点，这个是我的真实经历，有个英国人问我日本的某个人的诗怎么样。我回答说："挺不错的啊。"人家就说："既然你认同他的诗，那就举出一行你觉得写得不错的吧？"我无论如何都想不出来。和我非常亲近的诗人也好，我自己的诗也罢，总而言之，让我没有参考就立刻背诵一两句，我怎么都做不来。结果人家说什么呢："背诵不出来的诗，想必也并不怎么样吧！"

我觉得这两个例子非常具有象征意义。比如说，即使不去特意背诵也会留在脑海中，能够在恰好的时机自然而然地引用的是诗，不能引用的是散文，到底有没有这种区别呢？还是说，只要散文质量高，也能引用出来呢？

外　山　还是能引用出来的。欧洲有很多类似《名句辞典》这样的书，聊天中随时都会引用上一两句的。里面当然诗是最多的，也有一些很长的散文。约翰逊博士[1]在这种时候说了这样的话，说得太好了，下次我也要这么说，很多人都是带着这种心态阅读的。或许和一般散文的特性有所不同，但散文也可以用听觉记忆，再由口语表达。而且欧洲人不只是引用一两句"有屁不放，憋坏内脏"这类俗语，而是一字不漏地背出相当长的一段话来，我

1　塞缪尔·约翰逊（Samuel Johnson，1709—1784），英国文学家。因编纂《约翰逊字典》（1755）为人熟知。作为文坛巨匠，常被尊称为"约翰逊博士"。（原注）

们不禁要佩服人家居然能背下来这么长一段，这是我们远远不及的。

也许有人认为，我们没有这么做的必要，因为我们搞的是一种思想性的翻译，没必要逐字逐句引用原本的文本，因此也不需要《名句辞典》这种东西。吉田先生那是在英国受过教育，所以喝醉之后起了兴致会讲上两句："《哈姆雷特》里有这么一段。"引用《哈姆雷特》还不算什么，像詹姆思·摩尔·斯迈思[1]那种，我们就算听着也只能大概了解应该是在谈音乐相关的事，但让我们直接引用可是万万做不到的。像吉田先生那样流利地背出十行诗，我们可做不来。

谷　川　他竟然能做到。

外　山　他确实背得出来。想必他在英国接受的教育中，也有那种不谈大道理、总之必须得先用耳朵记住的成分吧。所以一旦遇到必要的场合，文本就会原原本本地输出，日本的英语系绝对没有这种教育。应该说在教育的"约定俗成"上就有所不同。

谷　川　是。既然吉田先生能做到，那就证明我们日本民族也并不是做不到的。比如说过去不是有通读"四书五经"这种教育嘛，接受过这种教育的人应该还是可以背诵引用原文的吧。

外　山　你说得有道理。

1　詹姆斯·摩尔·斯迈思（James Mcore Smythe，1702—1734），英国剧作家。作品有喜剧 *The Rival Modes* 等。被指责经常剽窃教皇的诗作。（原注）

语言的纤细

谷　川　但我有一个很在意的地方，我总觉得，日本人是不是属于那种不太能感受到把语言说出声的快乐的人种啊。我之所以强烈地感受到这一点，是因为我有个朋友和美国人结婚了，那位美国人太太怀了孕挺着大肚子，和我商量要给孩子取个什么名字。那个时候，我们列举了很多名字做候补，那位太太真的是满含着慈爱，一个一个地把这些名字念出声。她和我说，有那样这样的名字，她还有个外甥叫杰雷米。我听她聊这些，觉得和我们太不一样了。像我们取名字的话，只会在乎是不是在当用汉字[1]表里呀，不能叫太郎得叫次郎呀，我们只在乎这些东西，至于去试验各种语调，由衷地把名字和将要诞生的小宝宝视作同样的存在，性感地、夸张地来念出声，我们是不会这么做的。所以我想，和我们比起来，西方人或许是拥有一种把语言实际用自己的唇舌念出声音来的快乐的。

外　山　的确如此。

谷　川　那我们又是在哪里失去了这种快乐呢？还是说，打一开

1　当用汉字，1946 年由日本内阁发布，共计 1850 字。1981 年被新指定的“常用汉字”所取代。

始我们就没有这种快乐呢？现在的日本人应该是不会从这件事中感受到快乐的吧。

外　山　我们尤其有这种特性，就是很少把重要的事情挂在嘴边。有些太太可能一辈子都没有喊过自己丈夫的名字。但西方人就会不断地用嘴来表达，比如说“早上好啊，比尔”，“能帮我做点什么什么吗，比尔”，“再见，比尔”。我们即便是遇到非得说名字不可的场合，一旦对人说“哎，谁谁谁”，反而会觉得像是多说了什么不必要的东西一样不适。从另一个意义上讲，我们可能是把重要的话藏在肚子里，靠心灵就足以相通了。

谷　川　没错。

外　山　而把话直接说出口呢，反而有种随便、不够正式的感觉。突然被叫大名的话，大家不都是会吓一跳嘛。我想这其实是一种纤细的情感。但西方人从小到大就一直不断地被叫名字，他们互相之间可以说在语言上有一种靠听觉、靠嘴巴来彼此确认的关系，像在德国不是有这么一种仪式嘛，从现在起我和你就要建立一种亲密的关系了，之前我称呼你都很客气，从今以后我要用教名来亲切地称呼你。换成我们呢，无论彼此之间的关系变得多么亲近，在语言上都不会发生什么变化。

谷　川　是的。

外　山　西方人男女相处的时候，如果开始用教名互相称呼，那就说明已经进展到约会了很多次，什么时候告白爱意都不意外的关系了。如果一开始就亲切地称呼教名，那会让人觉得“真没礼貌”。语言某种层面上表现了亲密的程度。我们讲究话不说出口，要心领神会。当然欧洲人也讲究不能随随便便把上帝宣之于口。说“My God！”是有点没教养的。动不动就把上帝举出来是种很冒犯的行为。我们这种意识就更强了。人与人的交往中，对方的名字成了一种禁忌。对近在眼前的人特意用上“您”这种有距离感的称谓。用没什么关系的话题间接地提及现实中的人。像这样，我们的语言感觉中已经有了不付诸话语、不实际发出声音就能互相理解的要素，语言内部不可避免地包含了一种疏忽声音的倾向。

谷　川　是啊。而且不仅是名字。世博会[1]的时候，作曲家武满彻负责了音乐方面的工作，那个时候他想使用一些语言要素，就邀请我参与了录音。他想用英语的“silence”和日语的“静けさ（shizukesa/寂静）”这两个词。于是他就请一位美国诗人到录音棚，让他尽可能地用各种发音、发声的方法来念“silence”这个词。人家是诗人嘛，读得特别好，尝试了很多种读法，既有拖得长长的，又有很短促坚决的，每种读法都有着各自的存在感，听起来就像是不同的单词。正好能让人联想到不同的沉默、寂静的状态。但是让我来模仿他读日语的“静けさ”，就变得特别没有意义。硬是拖长第一个音听起来也怪得很。就显得特别刻意嘛！所以我们日本人来读“寂静”，只能尽可能地、富有感情地、普普通通地念出来才最合适。

1　指1970年在日本大阪府吹田市举行的世界博览会。

我也思考过为什么两种语言会如此不一样，但没能得出答案。我只能认为，我们日本人对语言的感受能力已经形成了这样的习惯。现在的问题就是，我们到底是怎么养成这种习惯的。

以听众为前提

外　山　这个问题很难。我刚刚想到，包括诗歌在内，我们国家的语言是不是没有什么表演性质的要素啊。我们总觉得，语言的演说术（elocution）是一种没什么品位的东西。就像你刚才说的用各种方法读“寂静”这个词，我们也觉得很别扭……

谷　川　对对，就会变成你说的这样。

外　山　总之就是会认为，让声音带上感情是一件低级趣味的事。为什么低级趣味呢？欧洲诗歌在创作背景上有一种戏剧性的理解方式，就是认为，在这里必须做这种处理，否则达不到效果。这是一种以听众为前提、尽量让诗歌对听众产生效果的思考方式。

还有一点，就是语言的艺术性。我们理解语言的艺术性的话通常都是从观念、思想或是语言的字面意思来切入，但人家还会去思考如何让语言在听众的耳朵里响得更动听，去思考这种表演性质上的艺术性。这个要素在我们的社会中影响力很弱，所以包含现代诗在内，我们语言中的音声这一要素呈现出一种极其不稳定的状态。

几年前我看过英国的小学课本，里面三分之一甚至近一半的内容都是戏剧。紧接着就是诗歌比较多，小说非常少。而日本的教科书呢，文部省的方针规定必须得有戏剧的内容，那就放一篇进去意思一下，最多也就是两篇。而且只放一幕剧的一部分，零碎的一个片段罢了。英国的教科书中如果讲到莎士比亚，首先会完整地教一整部剧，让学生们读过之后，再带他们实际去看莎士比亚戏剧的演出。虽说在日本没有人会否定戏剧这种形式，但提到文学首先想到的是小说，紧接着是诗歌。再往后数，戏剧这东西确实属于文学吧，但却没有什么文学的感觉。像新剧就类似传播思想的载体，其他的呢，歌舞伎完全是文艺演出的世界，却不被认同为高雅艺术。在欧洲的话，提到戏剧，首先要考虑如何上演。这就是不折不扣的，对观众的耳朵倾诉的形式。但我们提到戏剧却多是指供人朗读用的剧本。在这一点上我们和欧洲是很不同的。

谷　川　那么，比如说歌舞伎、义太夫节、能乐、狂言这些我们现在视作文化遗产的艺术形式，其实已经和我们实际的日常生活，和日常对话的世界割裂开来了。但如果追溯到明治时代之前，我想这些艺术形式要比现在更加贴近日常生活，如果是这种紧密状态的话，是不是就可以认为和现在欧洲的状态比较相似呢？

外　山　这个嘛……

谷　川　因为外山先生您提到现在日语的诗歌没有声音，我就在思考，到底哪个时代才是有声音的呢？我唯一能想到的答案，至少是现在这个时代能确实感知到的，就是七五调。我们有短歌、俳句，还有歌舞伎、浪花曲，到处都弥漫着七五调，过去这些都和我们实际上的日常生活关系紧密，那是不是可以说，的确有过一个时期日语拥有以七五调为中心的声音呢。

外　山　嗯。到江户时代（1603—1868）为止，用听觉感知的语言，比如谣曲[1]或是净琉璃，这些以七五格律为基本形式的文艺作品在听觉的反馈上，的确要比当下更为强烈。即使如此，我们仍然非常重视汉文。但是，像“子曰：学而时习之，不亦说乎？有朋自远方来，不亦乐乎”就完全不符合日本的七五调的节奏。不过汉文也有汉文独有的节奏感。这种节奏感在很大程度上影响了明治以后的日语。明治时代以后，汉文式的节奏得以保留，原本的日文式的节奏不能说完全消失，但也所剩无几了。七五调多少显得老土嘛。到底是哪里显得老土倒没有定论，只是我们说到七五调，就好像有点不好意思似的。特别是受过教育的人。

谷　川　是的。

外　山　那么，离开了七五调，日语是否能形成稳定的节奏呢？这是未来以诗歌为中心的文学需要解决的问题。我想请教一下，你觉得有这个可能性吗（笑）？

谷　川　刚才我们说到英国的诗歌，即使故意避开押韵这一规则也能成诗。那么这和日本有什么区别呢？不遵守七五调也能写诗，我们就觉得这不是和西方一样嘛，但写出来

1　能乐中的唱段和相当于念白的台词。

似乎又不是那个效果，这让我们觉得特别别扭。

外　山　所以说，关键要看诗人在朗诵的时候能不能建立一种让读诗的人和听诗的人能够互相感知的连带感。进行以声音、听觉为载体的交流时能不能有一个基本的固定形式，这是一个问题。

在欧洲，虽然说是自由诗，但直到今天也大体遵循抑扬格来创作。像艾略特[1]还创作诗剧嘛。这就涉及另一个诗和戏剧相结合的问题。在日本，如果说现在要把诗歌和戏剧结合起来，恐怕没那么简单。艾略特的诗剧都是非常通俗的作品。绝不是那种试验性质的戏剧，而是能把普通观众逗得哈哈大笑的东西。由此可见，诗和戏剧之间其实是非常亲近的关系。欧洲虽然把戏剧和诗歌分成两个类别，但它们在更深的层面上是相通的。归根结底，在他们的理解中，语言终归是由口发出，由耳接收的东西，诗人自然也以此为前提进行创作。

再说日本，假设诗人自己拥有极其敏锐的听觉，能够把握自己诗歌的节奏，也很难把这个节奏传达给听众。其实还是说明听觉上的训练不够。学校教育中只顾着教写字，根本不考虑朗读课文。虽然不太明白是什么意思，但是这段话真美啊——我们所经历的学校教育中几乎没有这种体验。但有一个例外是，研究日本文学的人里有专攻古典文学的，他们读文本的时候会读得相当陶醉。时不时地表示“太有味道了”，我们却一点都不知道这

1　艾略特（Thomas Stearns Eliot，1888—1965），英国诗人、评论家。

是个什么味道。但是搞近代文学的人呢，他们研究的大多是思想，不是语言本身。搞古典的人就会用听觉把文本记住，还能引用《源氏物语》里较长的段落。所以说只要加以训练日本人都能做到，刚才说的吉田先生就是个好例子。我们就是缺乏这种训练。没有人来告诉我们，你这种读法其实不行。

打动人心的节奏感

谷　川　其实我有种强烈的感受，虽说日本的现代诗里没有声音，但要解决这个问题，就像让我们诗人自己跟自己摔跤一样，实际上是弄不出个名堂的。

外　山　是这个道理呀。

谷　川　也就是说，在我看来，所谓诗人的职责，并不是靠自己的独创性一决胜负，而是想方设法从同时代的人类的共通情感中挖掘出一些东西，如果没有共通的情感，诗是无法成立的。这是教育的问题，更广义来说是文化的问题，如果所有日本人的语言中都没有声音的话，那诗也不可能有声音。当然，这种“声音”今后是否真的必要，也是需要讨论的问题。我的意见是，有“声音”比较好。无论怎样，我们必须做的是，从小学教育开始，更加重视把语言转化为声音，增加用来朗读、对话的时间，学习如何把话说好。首先，是要重新进行背诵日本古典文学的教育，我认为这是未来不可或缺的。

外　山　对。但是另一方面，现在电视广告这些东西产生了很多问题，它们现在是冲击耳朵的主力。像我们这一代人反而对广告的声音层面的东西感到有些不适，但现在的小学生、初中生会以相对更灵活的方式来适应它们。我们只会觉得广告内容很无聊，夸大的东西太多，没什么好影响，把它作为一种声音来鉴赏的能力非常低下。无论听多少次，耳朵都记不住。但是初中生只要听过一次广告词立刻能背下来，第二天就在学校模仿起来了。当然也不能说他们没有理解广告的内容，只是主要把它作为一种音声来接收。在这个层面上来说的话，不仅是诗歌将来需要获取声音，现在被声讨的电视、磁带还有音乐这些东西会发挥相当重要的作用。这样一来，“二战”前受教育的我们的处境就非常不妙了。

谷　川　说到日本人的音乐审美，在明治之后形成了西洋音乐一边倒的局面，这让我觉得很费解，现在总算是对这种局面有了些许反思，但这么多年来教给学生的都只有西洋音乐。但是，我们自然而然地表达出的音乐，却的的确确建立在日本式的音乐体系的基础上。就好像现在的《三浦君，一起玩儿吧》这首儿歌，很明显就是在日本传统童谣的基础上创作的。这一点毋庸置疑。既然音乐上的传统并没有遭到新式教育的破坏，时至今日仍然在方方面面都有很强的影响力，那么为什么语言的“声音”却被破坏了呢？或者是不是可以反推，其实明治之前，日语也没有声音呢？假如过去日语的声音真的存在，怎么会如此简单地被一些抽象的东西破坏呢？管它是歌舞伎还是义太夫节，短歌还是俳句，日本的诗歌从以前开始压根就没拥有过声音……我会思考有没有这种可能性。

外　山　你的看法非常有意思。总而言之，自打汉语从中国传入日本，日语把汉字作为发音记号来书写，声音这种东西就开始被打压了。很久很久之前，声音或许的确存在过。

但从我们开始使用文字，与其说我们掌握了语言真正的节奏感，不如说只是强行套上了七五格律罢了。七五调哪里是真正的节奏，不过是音节数量的多寡罢了，根本不是有音乐性的、有声音高低的节奏感。虽然也有希腊语这种靠音节的长短、长元音和短元音的结合来形成节奏的例子，但日语不一样。日语只是客观地去数音节是五个还是七个，取决于这种数量上的搭配而已。

谷　川　没错，感觉特别死板，又过于单纯。

外　山　从这个角度来看，我们在某个时期忘记了，或者说放弃了真正意义上的语言的节奏。就像是很久以前我们翻译诗的传统一样，有从中国传来的五音七音，把日语的发音一个一个套进去，就作成了一首诗，结果真正在日常生活中用来交流的语言和节奏——或许曾经存在过——就这么消失了。五音和七音说到底还是在沿袭中国古典诗歌的体裁，比我们套用欧洲诗歌的体裁来得要更绝对、更彻底，并且几乎完全忽视了语言本身的性质。考虑到这些因素，那我们自然会产生七五调是否真的属于节奏的疑问。

谷　川　我觉得按这个方向思考比较符合我的观点。那就像这样，去掉日语到底有没有节奏这个大前提来思考的话，我反而会觉得自己心里其实是有一种明确的语言的节奏感的，就日语而言。但我没办法把这种节奏固定为某种格律。或许吧，带着这个问题拼命调查研究的话说不定能总结出个结果，但自己一个人揪着这点不放无聊得很，可没人研究的话谁都不会发现这个问题。也就是说，这不仅仅是创作过程中的问题，也是作品完成后反复推敲中要面对的问题，虽然我自己没办法总结出具体的格律，但我心里会有一种词语和词语间节奏的处理方式，非得这么处理不可。

很多人认为我的诗属于现代诗中比较好理解的那一类，我想这个好理解不光是指诗的内容，也有我作品中的节奏感与大多数日本人不谋而合的缘故吧？我以前就有这个想法。所以说现在的日本人可能只是没有意识到这点，日语其实是有一种微妙的节奏感的，只是被隐藏起来了。

外　山　我想应该是有的。其实特别不好意思，直到有今天这个对谈的机会，我都没有好好读过谷川的作品。你之前出过一本《鹅妈妈童谣》的译本（《鹅妈妈童谣》中央公论社，1970 年出版）对吧，写了《鹅妈妈：英国的传统童谣》（中公新书，1972 年出版）这本书的平野敬一提到过，说你的翻译特别优秀。我才知道，原来日本的诗人中也有这种拥有出色节奏感的人啊，除此之外我真的了解不多……

总的说来，我对现代诗有一种恐惧心理（笑）。搞不明白节奏，也看不懂到底想表达什么。这次读你的作品，其实我也是战战兢兢的，但读了之后却感觉非常亲切，很温情。虽说我对日语的感觉可能也不是那么具有普遍性，但我确实感受到了，这个作品中的某种东西的确能触动沉睡在我们心中的某种感情。昨天我睡觉之前，想着读三首就睡吧，结果读了三首之后还想再读，再多读一首。打动我的不是语言的含义，而是日语这种无意中的节奏感，在阅读的过程中不断地引起读者的共鸣。非常有趣。

说实在话，我这次算是对现代诗大彻大悟了一把。以前我从没有过这种感受。读谷川的作品时，首先是有节奏感，有想要出声朗读的冲动；其次有很多风趣的语句，让我忍不住露出笑脸。在这个意义上，这是一种很富有戏剧性的情感，如果面前有读者，能和他进行交流的话，想必会在这里笑出来吧。像你刚才说的，日本人其实心里某处是有“声音”的，我觉得这个看法很有意思，并且基于我自己的经验也非常认同。

谷　川　拿自己的作品举例总有些难以启齿，还有一件事我觉得很有趣，我认识一位读诗的女演员。这个人说，如果不回头去读诗，感觉就无法理解表演了，所以从表演的世界踏入了诗歌的世界，很积极、很广泛地阅读了很多现代诗。她真的读了各种各样类型的现代诗，应该不是客套话，是她的真实感受吧。她说，我的诗是最易读，也是最适合出声朗读的。其他人的诗中虽然也有适合朗读的，但在数量上数我最多。这其实和作品内容是否简单易懂不挂钩。即使她再去多读一些比较流行的诗人的作品，感想应该也还是如此。所以我觉得这还是一种很普遍意义上的节奏感的问题。

还有，我曾经试着全部用七五调写过一些在内容上自己都不是很能理解的作品。结果呢，以前根本不看我的诗的人跑来跟我说：“你之前写的诗，我读得有点儿感动啊！虽然看不懂意思，也不知道写的是什么内容，但是是好诗！”所以我觉得，原来如此，原来这就是语言节奏的魅力。只要拿七五调来写诗，即使内容上支离破碎，也是能打动人的。

外　山　是的。

谷　川　这样一来，把语言说出声，或者是默读、在脑内形成声音时，字句间的起伏，诸如这类微妙的间隙就显得非常重要了。

方言里的魅力

外　山　我认为日本关西方言的节奏和关东方言的节奏不同。关西方言要更吻合七五调，也就是更讲究语调、重音。比如说“纪伊国（kinokuni）”这个词。关西人明明照原样把它读作“木之国（ki-no-ku-ni）”，拿英语说就是country of tree，但在东京人听来，关西人说的就是“ki-i-no-ku-ni”，拉长了一拍。用这种节奏来说五音，最后一个音就会拉长，变成了“六音”。

谷　川　原来如此。

外　山　所以，并不是五音和七音这种参差不齐、不平衡的长度，而是大致六音、七音的节奏，类似欧洲的抑扬格，长短的差别微乎其微。但关东人就会严格遵守五音七音的格律，像是踩着跟不一样高的木屐，咔哒咔哒地走路。

所以在明治以后，能用七五调把欧洲的诗歌翻译好的人大多出生在关西地区附近。但像朔太郎[1]这样的诗人却是因为出生在关东才会擅长自由诗。虽说指名道姓地举出具体的地名，把它上升到地域问题，免不了要招来反驳，但像是西胁（顺三郎）先生这样出生在新潟的，

1　萩原朔太郎（1886—1942），诗人，生于群马县，在日本诗坛确立了近代口语自由诗的地位。

朔太郎，或者说（石川）啄木[1]，（宫泽）贤治[2]也都是这样嘛。一旦承认这些大诗人都不是在关西出生，就会发现，明治以后，向着失去声音的新节奏出发的人们，大多生活在传统的七五调的边缘或影响范围外，因此，现代诗的主流同样位于七五调圈外。

从一般大众的角度，七五调的节奏仍然潜藏在许多人的认知中。但不属于七五调节奏的语言圈子或是文化圈子的人们，学习欧洲的诗歌，受到一定的刺激，把它导入了日本。这样下去的话，恐怕会在两个语言圈之间造成极大的隔阂。我相信在两个圈子的中间地带有一种好的意义上的双重性，即了解七五调节奏的传统，又不至于不知道新的节奏。当然，故步自封的七五调实不可取，但节奏荡然无存的现代诗也让人为难。这就是我们这些迟迟无法叩开现代诗大门的可怜家伙的感受（笑）。我读你的作品时注意到一点，你父亲出生在爱知县，果然是属于中部地区[3]的语言传统……

谷　川　外山先生也是那边的人吧。这不成了肥水不流外人田嘛（笑）。

外　山　滨松[4]到名古屋[5]那块儿吧，正好是两边的语言交汇的地方。就像“kumo”既能指天上飘的云，又能指地上爬

1　石川啄木（1886—1912），歌人、诗人，生于岩手县。

2　宫泽贤治（1896—1933），诗人、儿童文学家，生于岩手县。

3　日本中部地区指包括新潟、富山、石川、福井、山梨、长野、岐阜、静冈、爱知九县在内的地区。

4　滨松市，位于静冈县西部。

5　名古屋市，位于爱知县西部，县府所在地。

的蜘蛛，两个意思都轻飘飘的，说不上来指的是哪个。这也属于一种混淆吧。但在当下这个时代，只要不极端地主张必须绝对遵守七五调，或是必须破坏掉七五调，那么这两种方言的缓冲地带就有它存在的意义。

谷　川　我母亲是京都人，那我应该偏向格律诗吧。

外　山　有这个可能呀。迄今为止提到现代诗不都是东边的男人唱主角嘛！

谷　川　是啊。对了，有件特别有意思的事儿，最近片桐让[1]和秋山基夫[2]不是准备出一本《口语派[3]宣言》嘛。片桐本来是东京人，去了关西之后才开始搞这类活动。你看像大阪的小田实[4]，他们关西人的口语特别有魅力。关于口头表达这东西，我们确实得承认，还是西边的人比较厉害。

外　山　明治维新是以位于东日本的东京为中心发起的。说到这个，当时在东京发起运动的人多是来自“萨长土肥[5]”，在江户时代，是这些远离日本中心地域的人们来到东京，并且借着欧洲传入的东西的威势开展活动。关东人说的漫才[6]不怎么有趣。可是换成关西人来表演呢，就算我

1　片桐让（1931—），诗人、社会活动家。

2　秋山基夫（1932—），诗人、小说家。

3　口语（oral）派，受美国垮掉的一代影响，主张诗人应积极朗诵自己的诗歌，并在各地策划、举行了多场现代诗朗诵会。

4　小田实（1932—2007），作家、政治运动家。

5　推进日本明治维新并供给明治政府主要官职人才的萨摩藩、长州藩、土佐藩、肥前藩四藩的统称。均位于日本列岛西南部。

6　两人组成一对，进行滑稽性对话的日本曲艺。与相声类似。

们搞不清楚具体的笑点在哪里，但语言本身的脉络就有一种不由自主吸引人的力量。那么，要想使更能获得口耳关爱的诗歌诞生，关西人就有必要在好的意义上取得一种均衡。得把重心再转移到关西一点儿才行。现在的诗坛还是太倚靠东边了。

谷　川　美式民谣也是关西那边儿发展得比较早吧。还有，京都大学人文科学研究所出来的那批人说话的语气也有点他们自己的调调。是不是可以说，这里面加入了不少他们关于口语的设想啊。说不定呢。

外　山　这可就是胡说八道了。

谷　川　就当是“王婆卖瓜,自卖自夸”的变种吧(笑)。连我都是，挑翻译诗选集的时候，会忍不住选些符合我自己节奏感的作品。无论是出名的诗还是内容非常深奥的诗，翻译过来成为日语诗的时候，一旦无法进入符合我语言节奏感的范围，我就会认定它不能作为一首日语诗歌成立。这是我不变的选择标准。

外　山　你秉承这一标准的诗如此受人瞩目，是不是也意味着，日本对诗的关注渐渐从观念诗转移到节奏诗上了呢?

听，一首花一个月时间写成的诗

谷　川　我去年做了这样的尝试（《语言游戏之歌》福音馆书店，1973 年）。这个原来是在面向母亲的杂志（《母亲之友》）上连载的，那时候我正好同时在做鹅妈妈童谣的翻译，自己也想挑战一下创作鹅妈妈童谣式的作品。结果，看看马蒂涅诗人俱乐部[1]就知道，用日语创作诗歌时，即使创造出一套押韵的规则，在听觉上也几乎是无法感知的。到底得做到多彻底才能用听觉感知到呢？如果是顺口溜的话，相信我们的听觉在某种程度上就能感知到，那就以日本人的耳朵能准确捕捉到的程度来押韵、来玩一些文字游戏，依照这个规则，面向孩子，试着轻松地创作出来的就是这个系列。

外　山　这些都是押韵的。

谷　川　不知道能不能说是严格押韵吧，随意性还挺大的，总之我是想尽可能地让发音听起来有意思一些。但在日语上实现这一点很不容易。因为必须得把听上去差不多的发音大量地塞进去才行嘛。从结果上来看，和那些严格遵守规则创作出来的诗也没什么区别了。

1　1946—1948 年活跃于日本文坛的诗人俱乐部，以西欧象征诗为典范，探求创作日语押韵定型诗的可能性。同人有中村真一郎、加藤周一等。

外　山　原来如此。有意思。

谷　川　比如说想押元音 a 和 i 这两个音，结果只能拼出爱（ai）、写（kaki）、穿刺（sashi）、站立（tachi）这些词来。要把这些词组合成一篇短诗，还不能完全没有意义，得包含一些能唤起人共鸣的内容，这可比写一首普通的诗困难多了。动不动一首就得写上一个月呢。

外　山　哇，这可是……

谷　川　所以呢，我写这些诗的时候，可是充分地体会到了，原来那些诗人严格遵照押韵规则来创作是这么一件苦差事。被这些规则束缚着，什么自我表现早都丢到九霄云外去了，哪有工夫去考虑这些啊。

外　山　因为有极其严格的规则束缚。

谷　川　没错。但是如果要问，既然自我表现抛到九霄云外了，那创作岂不是只剩下空虚了吗？事实上完全没有这回事。倒不如说，反而产生了一种非常健康的喜悦之情。我想这还是归根于我们在创作中使用日语的时候，做到了把自己全身心都投入日语之中，打心底里信赖着每字每句都恰如其分地放在了应有的位置。自我表现中的“自我”有时会成为一种阻碍，不能报以全心的信赖。但如果我们以一种无私的心境投入日语中，就能深深地感受到日语本身的能量有多么巨大，我在创作这些诗的时候，是真的体会到了一种自己化身为“无名氏”的幸福感。夸张地说，我有一种感觉，即使去掉我这个作者的名字，我的诗也能像传统童谣一样永远流传下去。

外　山　原来如此。需要化身为真正的“无名氏”，并且在这个基础上展示个性。全情投入语言的精髓中，忘掉作为个体的自我。后世提起这是谁作的诗，答案是谷川俊太郎，这才成为真正的古典著作……

谷　川　和香颂[1]一样，即使不是像《诗人之魂》描写的那样，作者被遗忘依旧不影响作品的流传。

外　山　出乎意料的是，越是打一开始便大肆宣传作者自身的作品，越会在历史中沦为无名氏之作。反而是抱着成为无名氏的心态创作出的作品才彰显出作者的个性。迄今为止说实话，大众抱有的认知：定型诗好写，自由诗才难写，其实和你相反吧。

谷　川　实际上是完全相反的。

外　山　这才有趣。你的看法非常有益。

谷　川　问题是，我把它当作仅仅面向儿童的作品创作时感到很开心，但如果把读者的范围再扩大一些，那我还能写出一首真正的诗吗？我想我还没有达到这个层次。这不仅是我这个创作者的问题，也是读者的问题。

外　山　果然。孩子可能会以非常包容的态度来接受一个作品，但现在的成年人总有各种各样的先入为主。

1　狭义上指法语世俗歌曲。

谷　川　归根到底，近代艺术已经相当完善，我们很难去突破这种既有的艺术观。我想说的是，采取了这种形式创作，就一定会有遗漏的东西。这些诗全是用平假名写的，但事实上我们思考的大部分已经被汉字占据了。所以我一点儿也不觉得我的这种形式能轻轻松松地发扬光大。

沉默的对面还是沉默

谷　川　之前去美国的大学那边做诗歌的朗读旅行的时候，我朗读了一些自己的作品，包括刚才提到的那几篇。最开始和您说的，英语诗听起来全都特别单调，正好就是那次活动，那我就要和他们不一样，我尽量把我的诗用日语读得多彩缤纷一点。结果在他们美国人的耳朵里听起来全都像是断音。完全是那种一字一顿磕磕绊绊的。原来我听他们的英语诗完全没有起伏，他们听我的日语诗也一点都不连贯。我恍然大悟，突然就觉得挺失望的。

外　山　法国人也好，英国人也好，在我们眼里都长得一模一样。斯拉夫人和拉丁美洲那边的人看着也差不多，他们自己却非常清楚区别在哪儿。意大利人更是绝对不会搞错，是哪儿人看鼻子就知道了，比如我们亚洲人大致上就是扁平鼻子。

之所以在欧洲人听起来日本的诗歌比较类似于不连贯的断音，是因为他们语言在声调上的变化比较大，而日语相对没有高低音的差别。不管怎么说，归根到底还是交流上的问题，如果是日本人和日本人之间用一些不同的读法来交流的话，彼此也能听出来很多微妙的变化。这种感知变化并做出反应的能力还是要在同一个文化圈内才比较强，而作为一种一般性的倾向，可以说在这个文化圈外的人听起来其实都是差不多的。

谷　川　但有一点，我听的大多是美国诗人的朗诵，还有两三个英国诗人吧，绝大多数诗人都非常明确地针对第二人称的“你”来进行朗诵。这是最让我受益良多的一点。

首先听众就不一样。日本的自作朗诵会的听众差不多都是这样的吧（弯着身子低下头），眼睛向下看，就跟在咖啡馆里欣赏古典音乐似的（笑）。他们呢，则是探出身子来听，紧盯着诗人。与此相对的诗人呢，则是这个样子，好像把东西递给听众（伸出双手）。所以双方的反应都非常迅速，即使只是一点点儿微妙的部分，另一方也会马上敏感地予以理解。日本的话，因为是以在咖啡馆里听音乐的方式来听朗读，所以即使诗人开个玩笑，想着听众会摆出一副怎样不情愿的表情呢，结果抬起头发现大家都一脸严肃。我充分感受到了这种反应上的差异。不光是我一个人，跟我一起去的吉增（刚造）也有同样的感触。确实，现在关于读者的丧失在现代诗坛是个很大的问题，但在大洋彼岸，用听觉与诗人相通的读者要比日本更多。

外　山　确实有不少这样的读者。

谷　川　有意思的是，跟美国相比，现在其实是我们日本发行诗集的数量更多。但日本几乎没人来做一些类似于在各个大学之间巡回朗诵的活动。

外　山　在日本，诗人去大学朗诵表演要算是一种例外吧。

谷　川　几乎是没有的。人家欧美的诗人某种程度上可是靠这个生活呢。

外　山　即使卖不出多少诗集，只要到处开朗诵会，朗诵得很出色的话就足以养活自己（笑）。但在日本要说擅长朗诵的话，那可能是明星，不是诗人。欧美的诗人只要朗诵得好，就会吸引读者，那就买本诗集看看吧。在这个角度上，我之前在文章中稍微提及过，日本的诗人或许是羞于面对第二人称的读者吧？也就是说，日本的现代诗呢，面对传说中创造了伟大作品的欧洲诗人和诗歌时唯有沉默，挣扎着想要到达对岸——虽然不至于像小野道风[1]看到的青蛙那样——总之心无旁骛地想要飞跃到人家的境界，沉浸于飞跃的过程，偶然回首才发觉原来自己也有读者（笑）。读者完全被诗人抛下不管了。虽然说读者并不期待诗人的服务，但我们从明治之后的确是欠缺一种面向读者创作诗歌的状态。

像俳谐或连歌[2]的话，作者同时也是读者，读者也会在下一轮次变为作者，在这种交换的作用下，至少制造出了一种比较富有戏剧性的场景，但现代诗的目标是欧洲诗歌，位于沉默的对岸。如何突破沉默到达对岸，诗人心中是不是已经有了一种印象，所谓诗歌就是在与沉默的搏斗中形成的孤独的世界。

谷　川　我想是有这种印象的。就好比日本人无论钻研什么都要

1　小野道风（894—966），日本平安时代（794—1192）的贵族书法家。传说中小野道风曾在池塘旁的柳树下看到一只试图捕食柳枝上的虫子的青蛙，青蛙无数次试着跳上柳枝，其间多次掉入池塘仍不放弃，小野道风从此顿悟了锲而不舍的道理。

2　俳谐，又称俳谐连歌，和连歌一样，为日本自古以来的一种诗歌形式，由多名作者以连句的形式，遵照“5 7 5 7 7”的规则共同创作。其中俳谐要更富幽默色彩。

形成一种“道”，像是茶道、花道。这种精神态度中是有共通的东西的。诗歌的话，我觉得吧，还是有很多人把它当作一个修炼自身的场所。

外　山　所以才会把创作当成一种类似求道者的苦行。大家都想着，诗歌不是谈天说地这种低俗的东西，诗怎么能从交流中诞生呢……

谷　川　于是大家的生活方式就变成了，白天拼命作诗，晚上就去小酒馆发泄郁闷吧。

外　山　读者是不知道什么发泄郁闷的，只会认为诗人很了不起，和我们世俗的世界相比，诗人是多么纯粹的存在啊。读者也难以想象如何与诗人对话，仅仅是沉默地阅读。沉默的对面还是沉默。无论读者还是诗人，都只是把在心中漠然生出的妄想当成是诗罢了。

在这个地方，才有诗的存在

谷　川　前不久我读了山本健吉[1]先生出的书（《漱石[2]·啄木·露伴[3]》,文艺春秋出版,1972 年）中的一篇文章,里面指出,应该至少从夏目漱石作的汉诗开始重新审视一遍日本的近代诗，比起新体诗，漱石在诗歌本身的成就上要高出一等。我读了之后觉得这个观点非常有意思，也就是说，反过来看，现代诗中说不定仍然保有相当一部分汉诗的传统。汉诗因为已经失去了原本汉字的读音，所以我们要靠默读。而且，大部分汉诗中蕴含的情感也都非常孤绝。我总觉得，诗这种东西在今天仍然残存着汉诗的特征。

外　山　总而言之，不管是读汉诗，读欧洲诗，还是读日本自己的诗，我们都很难想象诗人站在那里一边朗诵一边手舞足蹈，对吧？实际上诗人是会手舞足蹈的呀，虽说提到汉诗，我们很难联想到活着的诗人。只是看着肖像画，

1　山本健吉（1907—1988），文学评论家。
2　夏目漱石（1867—1916），日本英国文学研究家、日本近代重要文学家。
3　幸田露伴（1867—1947），日本小说家，日本近代文学的代表人物之一。代表作有《五重塔》《命运》等。

在脑海里形成一些完全静止的印象。而不是诗人在那儿喷着唾沫星子激情澎湃地朗诵自己的作品。

谷　川　我看这倒不是什么坏事儿。连歌这类传统现在又如何呢？我觉得搞不好是被同人杂志继承了。连歌与其说是面向广大的读者，不如说是局限于诗人及其弟子这一狭小的交流圈子内的一种文学。同人杂志的交流中有一种排他性。我们倒是想把它扩大，让它的世界更宽广一点。

还有一点，我想日本现代诗的发展跟这个国家的高识字率，以及印刷媒体异常膨胀的成长体量不无关系。大家都能读文字的话，那不可避免地，口传文艺就失去了存在的余地。还有，印刷品泛滥到这个程度的话，我们也会不由自主地面向纸媒来创作。

我直到前不久才意识到这一点，因为我写诗不是相当依靠灵感即兴创作嘛，那我到底是为了谁创作呢，思来想去，竟然觉得自己是为了轮转印刷机在创作，而且这个念头越来越强烈了（笑）。这其实是一种恐惧。我创作出来的东西完全没有关于读者的具体想象，只是印出来的一页杂志，这未免太不健全了。

我之所以想要继续做朗诵自己诗歌的活动，不管我读得有多差，就是因为那里有明确的第二人称的读者，那是一个被创设出来的交流的地方，即使过程很曲折。我现在会觉得，我们不如说在这个地方，才有诗歌存在。

所以我还在继续。

外　山　欧洲的印刷文化在18世纪前后得以普及，但能读到这些印刷品的人所占的比例即使是现在也远不及日本。在他们看来，提到语言，先考虑到的应该是声音。所以语言学中一定会写：语言的本质是声音。

这令我们感到很困惑。

文字，印刷出来的活字，才是我们心中的语言。所以我们看欧洲的语言学，首先觉得不对劲儿的就是这句，语言的本质是声音，文字是用来表达声音的一种不完全的手段。

这也是我在接触到西方的语言学时首先感到抵触的部分，因为我们感受不到语言的本质是声音。至少要说，语言的本质有两种——声音和文字吧。但他们就会直接归结为一条，语言的本质是声音，文字是书写它的不完全的辅助手段。所有的语言学都会这么说。无论多么离经叛道的语言学都不会动摇这一条。

与之相对的是，我们认为支配文字和支配声音的是两套规则。欧洲人则认为文字和声音能由同一套规则处理，所以演讲原汁原味地直接出版这种事变得可行。

我们认为文字化的东西传播普及的能力更强，很多人觉得写作文字的语言才是语言举足轻重的部分，而欧洲人眼中至关重要的声音不过是配角。虽然说日本的近代化是在欧洲的先导下兴起的，但我想日本在根本上颠倒了它的主客体，制造了一种极大又极富日本色彩的“歪曲”。

因此，在诗歌的层面上，我们也有必要重新考虑活字文化和声音文化之间的关系。

谷　川　说得太对了。

（1973 年）

鲇川信夫（Ayukawa Nobuo）

1920 年生于东京。诗人、评论家、翻译家。1947 年与田村隆一等人共同创刊诗歌杂志《荒地》。出版诗集《宿恋行》《难路行》，评论集《鲇川信夫论吉本隆明论》（与吉本隆明合著），翻译作品有《Y 的悲剧》《X 的悲剧》（埃勒里 · 奎因著）和《夏洛克 · 福尔摩斯的冒险》（柯南 · 道尔著）等。1986 年逝世。

我总是在书写的时候想着要包容一切。
我理想中的生活，也就是读上几本自己喜欢的书，任性地、懒惰地活着。

写作这件事，写了才知道

对话者
鲇川信夫

初登于《现代诗手帖》1973 年 6 月号。后收录于单行本《对谈》，昴书房盛光社，1974 年出版。

邂逅：这真是一个怪诗人

记　者　今天请二位自由对谈。随便闲聊，说些身边的事儿，也想想听听二位富有诗意的话题。

谷　川　说是闲聊，我其实不怎么擅长漫无目的地聊天。估计鲇川先生也不怎么爱闲聊吧（笑），不过看上去您对他人还挺感兴趣的。

鲇　川　是吗？

谷　川　也不是这么回事儿？

鲇　川　因为也没什么别的东西吸引我了嘛。我这个人光是应付别人就忙得不可开交了。自然就没工夫搭理什么自然啦、花儿草儿啦、艺术这些东西了（笑）。

谷　川　像我和岩田宏[1]打交道的时候，就能感觉到他其实很喜欢和人接触。像是朋友间的八卦小事儿，他都记得特别清楚，一讲就乐呵呵的。我对这些事情就不怎么感兴趣，也记不住。

鲇　川　有可能是你说的这样。这种东西啊，会反映在作品里，就你说的这种看法。“喜欢跟人接触”听上去也许还不赖，实际上呢，我觉得这其实是无可奈何。因为没法摆脱围

1　岩田宏（1932—2014），日本诗人、作家、翻译家。

绕着自己的人际关系啊。你看你，跟别人比起来经常因为工作满世界跑吧？又是欧洲又是美国的。而且你还什么都做，电影也做，散文也写，诗也要写。

谷　川　迄今为止是这样的（笑）。

鲇　川　别人做不到这一点，那是因为身上已经挂满了各种各样的秤砣。身边不是有这样的人嘛，即使想去别的地方，但是真离开了又会很困扰。所以他们行动的范围就会缩小。这么一来，就只能靠说说别的诗人的坏话来发散一下，因为没有比这更好的方法了。

谷　川　我最近也渐渐明白这一点了。说起来我和鲇川先生认识已经快二十年了吧？包括您在内，上一代《荒地》[1]《列岛》[2]那拨诗人，他们当时都是一副非常阴沉凄惨的面孔。我这个初出茅庐的年轻诗人可是吃了一惊。甚至觉得，大家跟我完全不是一个人种。现在想想，我这张脸也渐渐变得跟那时候的鲇川先生还有关根（弘）[3]先生差不多了吧，我经常这么觉得呢。

鲇　川　现在的年轻人看你的确是这样。

谷　川　我自己能察觉这点，感觉还有救。所以我才能对刚才您

1　《荒地》，1947年9月至1948年6月作为同人杂志出版的现代诗杂志。代表人物有鲇川信夫、田村隆一等。

2　《列岛》，1952年3月至1955年3月出版的诗歌、诗论杂志。以关根宏、木岛始、野间宏等人为中心发起。

3　关根弘（1920—1994），日本诗人、评论家。

说的，不去旅行也不做其他事儿的那种很现实的东西产生一点儿共鸣。

鲇　川　我头一回见你的时候，好像是在看一本什么无线广播的杂志来着。当时我还觉得真是出了个怪胎诗人（笑）。你原来就对机械之类感兴趣吧？

谷　川　现在我也很喜欢机械。不过，您在我看来，比如说参加个什么聚会，您总是说走就走吧？从来也不落在后面和人聊些有的没的，也不喝酒。所以说硬要分个区别的话，我应该属于不爱和人来往那一派，特别孤立，别人看在眼里是会让人好奇平时到底是怎么过日子的那种人。但我读了您的书，也从别人那儿听说过不少您的事儿，说您很擅长打高尔夫……

鲇　川　哪儿呀，打得一点儿也不好。只不过是比别人涉猎得广泛一点儿罢了，就这么点儿事，实际上也就是个平均水平，这不是理所当然的嘛，怎么能打得特别好呢。不多花时间集中练习哪能打得好。

谷　川　昭和（1926—1989）前十年出生的我们这一代，好像被报纸杂志打上了标签，是特别不会玩儿的一类人。应该掌握娱乐方式的那个时候正好在打仗，光顾着拼命填饱肚子，没学会游玩的快乐就长大了。我们是没有经历过战前的，那像经历过战前的鲇川先生您看起来和游乐完全无缘，实际上却很懂得怎么玩儿，游玩这件事要怎么和您写的诗或评论联系到一起，我特别好奇。

鲇　川　其实一点儿关系都没有。怎么说呢，硬扯上关系反而没意思了。总而言之，诗人和诗人玩一起那都不算玩儿，对我来说是这样。

谷　川　原来如此。

鲇　川　如果不是跟那些搞不清楚在做些什么的人一起玩儿，我是觉得没什么意思。

谷　川　扑克您也完全不和诗人打？

鲇　川　印象中是没有。之前有一回去了信州[1]的山里，跟岩田（弘）君和堀川（正美）[2]一起玩儿过。也就那一回吧。

谷　川　您这到底是怎么一个交际圈。

鲇　川　经常变化，所以也不好下定论。说了你也不认识吧。文学上的交情，对我来讲是在一种架空、抽象的次元上来选择交流的对象，相对来说。选择对象这个说法有点古怪，总之就是和艺术、文学有关系的人，我和他们也只在这个层面上来往。但把他们当作一起游玩的伙伴就不怎么合适。不如说，得是没有头衔的普通人，才能玩儿到一起嘛。比如村野四郎[3]先生也会打高尔夫球，但我就没法跟他一起打。因为提到村野先生就有了一种先入为主的印象。就算他打得不好，我也没法给他指出来不是嘛（笑），这例子是有点儿怪。总之，就是没法完全投入玩乐中。说到在自己工作的专门领域的熟人，你有

1　日本古时的信浓国，现在的长野县。
2　堀川正美（1931—），日本诗人。
3　村野四郎（1901—1975），日本诗人。

不少吧，得比我多好几倍。

谷　川　没有这回事儿啦。我也是那种聚会一结束就立刻回家的人。看起来跟谁都处得不错，其实不是这么回事儿。

鲇　川　要我说啊，那是你参加的聚会太多了（笑）。

谷　川　这误会可大了。我的交际圈子很小的。

鲇　川　是吗？

谷　川　我不打高尔夫，更没什么别的玩儿的。

鲇　川　也不怎么喝酒。

谷　川　我连酒吧都不去。但是我，怎么说呢，不管做的事儿有多么无聊，自己写诗的这个世界和日常生活的世界是没有明确的分界线的。我总是在书写的时候想着要包容一切。可您就把两个圈子分得很清楚，明明白白的，我觉得有点儿奇妙，怎么能分得这么清呢？

鲇　川　不不，其实呢，无论是跟谁喝酒，就算是伙伴关系也是这样的。我跟田村（隆一）[1]还有中桐（雅夫）[2]十几岁的时候就认识了。但是一直以来就算和他们一起喝酒，也不会突然想起来，原来他们也是写诗的。这其实有点不好，但不好在哪儿也不太能解释清楚。

1　田村隆一（1923—1998），日本诗人、散文家、翻译家。诗歌杂志《荒地》的创始人之一，为战后现代诗坛带来极大影响。

2　中桐雅夫（1919—1983），日本诗人、翻译家。

谷　川　先不论和您有来往的是不是诗人，打高尔夫球这件事是一种经验，这样的经验，和您的人生中从战前到战时再到战后的经验，两者不会混淆吗？完全不一样？

鲇　川　当然不能说是彻彻底底的两回事儿。但是，文学上的来往没有真实生活的感觉。这种说法有点奇特，文学不是自始至终都在不断地把生活文学化、抽象化嘛，这样一来，首先文学就没有真实生活的感觉了。相反，和那些对文学一无所知的人来往不会让人感到紧张疲惫。我想这是一种无意识的抵触心理吧，也可以说这是一种很知识分子的抵触心理。

谷　川　那么，您写诗或者是写散文的时候……

鲇　川　这在我的想法中属于文学的次元。我是以自己心中的这个标准来写作的。但是如果你要问它是不是完全和日常生活割裂开来呢，我自己也没法给你答案。

谷　川　您前一阵发表在《尤里卡》杂志上的文章和迄今为止的文章风格有所不同。我不知道是不是可以把它归类为私小说，它是基于您现实中的日常生活写成的。我觉得这一点非常有趣。您写这篇文章的时候，会在心里把它跟写评论分开，当作是两种工作吗？

鲇　川　完全是分开的。写评论这件事是一种来自心理层面的欲望。但很有意思的是，比如说一开始要我写五十页的话，我会想，某种程度上我的生活经验够丰富了，靠这些应该写得出来。但是写到十几页的时候，相反，我写的东西离我的经验越来越远了。也就是说，你写得越多，需要你写的东西就越多。书写这件事很奇妙，并不是说写到一定量就结束了，你越写，需要你写的东西反而变得更多。你写不出来的东西，还有你忘记写的东西的量会变得越来越大。这种事你写了才知道，一开始的时候你只会觉得没什么东西是写不出来的。但实际上，你写不出来的东西可太多太多了。这样一来，你反而会觉得写不出来的东西越积越多。得想点儿其他的题材，否则就完蛋了。不用那种依靠生活经验的写法，纯写虚构的话，不去思考这些东西，我想你是没法攻克写作这座大山的。实际去做的话又是另一回事儿。也有可能觉得麻烦就不思考了。

谷　川　《尤里卡》上登的那篇文章的类型，您写起来的速度要比写评论来得快吗？

鲇　川　那当然很快了。当时约稿的时候就说好是一天内能写完的程度嘛。但这也是一开始想得美，实际上可能写了两天不止，或是干脆烦了不想写（笑）。写作这件事儿啊，可不是随随便便就能做到的。

写作：没有什么要写

记　者　谷川先生曾写过一句诗，“没有什么要写”，引发了一些争议。如果真的没有什么要写，那么干脆不写就行了。但是您也说过，之所以在这句“没有什么要写”之后仍旧能源源不断地写出诗句来，是因为它是诗中的一行。从这一点出发，日常语言、文学语言和逻辑语言各有千秋，那么可以把日常生活的素材处理成文学作品时的语言、诗的语言以及文学评论的语言。我们假设谷川先生是把它分成了三部分来考虑，关于这几种语言上的差异，鲇川先生又是怎么看的呢？

鲇　川　“没有什么要写”，出自哪里来着？

谷　川　是《鸟羽》[1]。

鲇　川　《鸟羽》中的一行是吧。我们理解这句话的时候，是把它作为诗来阅读的。所以自然会在诗的次元来思考。也就是说，一句话，既有可能只是单纯地表达人的一种心理状态，也有可能真是没有东西可写，有很多种可能性。

谷　川　所以，其实无论我们怎么努力，还是没有办法把它分得很清楚。这一行里实际上包含了所有的东西。它可能是评论，可能是注释，也可能是自我辩护；因为它出现在

1　出自诗集《旅》，求龙堂1968年出版。

诗里，所以也可以说它是诗的语言，不是日常的语言；写了“没有什么要写”，紧接着就是第二行，这在逻辑语言上又是不通的，所以只能称之为诗。同时，我想写的东西其实有很多很多，但开头第一句就说“没有什么要写”，这不是不讲道理嘛（笑）。我想写的其实是一种实际的体验，想表达一种就这么算了吧的心理。这些都很难把它逻辑化。

鲇　川　这么说，这不就成了文学层面的东西了嘛。从阅读这句话的人的角度来看，你一个有这么多东西要写的人说这种话，简直就是在讽刺我吧（笑）？从读到它的那一瞬间就会这么觉得。

谷　川　您曾经在什么地方说过，必须得大量地写才行。量不够就不足以覆盖写作的欲望。其他人也说过，写到一定数量之后才能达成作品的质变。我听说阿兰[1]对学生说，一定要坚持每天写作。我可以理解，但我自己属于那种对写作感到很痛苦的人。所以，像有吉佐和子[2]那样，三天不拿笔手就发抖……（笑）我一看到这种就很吃惊。人怎么能这样呢，我是万万想不到。您属于比较爱动笔的人吗？

鲇　川　我讨厌动笔（笑）。你看，我这十年都没有主动写过什么东西嘛。我自己是这么觉得的，别人请我写，我勉勉

1　阿兰（Alain，1868—1951），原名埃米尔－奥古斯特·沙尔捷，法国哲学家。
2　有吉佐和子（1931—1984），日本小说家、剧作家、导演。

强强写了几回而已。不过也有那种写着写着来了兴致，比较专心致志的时候。但我还是不爱写，一直到截稿日我都不爱写。半张稿纸都不想写。十张也好一张也罢，总之是不爱写。仔细想想，从开始动笔一直到截稿日我都被“必须写”这个念头紧紧束缚着。所以我很讨厌跟别人约好什么事儿。今天可是我这十五年来头一遭，居然迟到了二十分钟……

谷　川　我都不知道您迟到了。

鲇　川　今天是碰上事故迟到了。所以我真是不喜欢跟人约定什么。脑子里总有必须完成它的那个意识。如果是约在比较久之后那就更烦人了，得一直想着。

谷　川　我懂您这种心态。

鲇　川　我就是这种人嘛，怎么可能喜欢别人跟我约稿呢。而且我从小就给我爸爸帮忙。初二初三那时候，我爸出了一本很小的杂志，因为他是一个人完成这个工作的嘛，所以为了填上空白就帮他写了很多稿子。从那时候起我就开始不喜欢写作了。

谷　川　但是您那本《战中手记》却写得密密麻麻的……

鲇　川　也就那一本罢了。那是特殊时期特殊状况嘛。写作这件事反而被限制了，绝对限制。所以会有一种反抗心理，想要去写作。仅此而已。

　　但是那种状态之后就再没有过了，这样一来也没什么意思。而且那个时候写东西完全没想过要给人读。不过以前做同人杂志的时候，还是挺热心地写过一阵。这么一想，自从做了职业作家，我这个人就开始不行了。所以反而是像谷川君这种，一开始就是职业作家的人，相对而言做这一行还比较认真吧。

谷　川　我也是把它当成一种劳动来做。因为一开始就拿到了稿酬嘛。拿到钱，就产生了一种责任感，就会一直被这种责任感束缚着。当然现在也是这样，所以当我听说辻邦生[1]先生准备写一本小说之前，能写上好几本非常详尽的作品手记，真是吓了一大跳。我没在笔记本上写过东西，因为我总想着写东西要保留在一个最低限度。换个角度来讲，我也觉得自己并不算是很适合写作的人。好像的确有那种人，能从写作中发现自我，或者即使不动笔，在思考各种问题的时候就能获得快乐。看看我写的东西就能明白我不是那种人。说到我理想中的生活，也就是读上几本自己喜欢的书，任性地、懒惰地活着，我想这才是最适合我的。

鲇　川　能在写作中不断发现新东西的人，想必比较适合当作家吧？与此对比，那些没有要写的东西的人，三天不写就手抖的人，到底写些什么才能使自己获得快乐呢？

谷　川　还有一种可能，就是靠写作来拯救自己的人生，不是有那种靠写诗勉强延续生命的人嘛。我也没法理解这种人，到现在为止。可能总体上，写作这一行为还没有在我的心中走上绝路。虽说最近我有点人到中年的忧郁症状，

1　辻邦生（1925—1999），日本小说家、法国文学研究者。

心里多少有些走投无路的部分。

鲇　川　原来如此。那我可能在某种程度上可以理解。因为我无论怎么讲，还是经历过这种写作强力的束缚状态的。像在军队里那样。所以我多少可以明白那种靠写作来拯救自己的心理状态。但现在的话，离当年那种生活已经很远了，所以很难达到那种状态，写作对我来说差不多就是一种劳动了。

谷　川　我的话，因为自己的人生无论何时都好好的，所以我总觉得写作是一种附加的东西。但现在我渐渐不这么想了，四十岁了，我自己的真实的、实际上的生活也好，玩乐也罢，包罗这些东西的人生渐渐变得空虚，而写作却不由分说地渗透进了自己的人生。所以我想，很快我就能理解靠写作拯救自己的这种感受了。

鲇　川　像你的话，其实某种程度上是把诗和实际生活割裂开来的吧。

谷　川　不是这样的。诗完全包含在实际生活中。虽然包含在生活当中，但写作却无法给予我的人生路径决定性的影响，也就是说我不会因写作而改变自己，而是先改变自己再去写作。改变我的不是写作，而是日常生活中具体的事。

所以在我看来，我的这种想法在我的作品中也有不少体现。怎么说呢，比如说战争体验，我没有参加过战争，也不知道军队是个什么样子。我不清楚我们之后那一代人的集体疏散是怎么回事，也不懂什么叫“学徒动员”。我们正好是在一个山谷的位置，只是从家里走出来，去帮忙做一些集体疏散的辅助工作。并且我还是家里的独生子，生在一个中产家庭，被家人保护得很好，就这么长大了。即使是战时，我也被父母筑起的保护墙守护着，没有直接受到战争的影响。我独自一个人长大，也没有什么被扔进集体疏散的集团、无条件地被卷入人类战争中的经历。感觉我一路上恰好活得很顺畅。所以，刚才我说我对跟人接触没什么兴趣，其实是因为我极度缺乏那种置身于不思考如何与人接触就无法拯救自己的环境下的经验。恋爱倒是谈过几回，结婚也就是水到渠成那么回事儿吧（笑）。那都是一对一的人际关系。我没怎么受到过社会的压迫，或是说来自他人的生理上的压迫。

鲇　川　嗯，可能就是这样吧。

苦难：我真的是一路平平凡凡地活过来罢了

谷　川　所以最后我自己也考虑了一下，到底什么状态才是自己觉得最幸福，或者说最期待的，答案是，我最喜欢的是自己能够控制自己的状态。一旦自己无法控制自己，就会变得非常不安。举例来说，我喝酒几乎从没喝醉过，当然也有生理上的因素，但关键是我非常害怕喝醉之后会失去自我。如果所有的状态不能处于我自己的支配之下，我就会觉得非常无所适从。所以我最幸福的状态应该就是保持一种平静。什么叫作保持平静呢？就是在外部的压力和自身的情结之间维持一种属于自己的平衡，去保持一种中立的状态，我最喜欢的就是这个。置身于这个中立的位置，我就会感到非常幸福。所以我会有一种下意识的心理活动，愤怒也好，过于极端的喜悦也罢，我都会一视同仁地把它们从心里排除掉。我只想尽可能冷静地活着。换句话说，即使在我身上发生了相当戏剧性的事件，我也在心中有一种尽可能把它看得微不足道的倾向。我会想着，没什么大不了的。其实我也不知道我为什么会这么想。

鲇　川　果然还是受你成长环境的影响吧。不过怎么讲，现在对子女过度溺爱的人很多，但打仗那会儿却没多少父母会这么做吧。

谷　川　或许，是这样的吧。

鲇　川　说起来，从没听人说起过，你的诗里表达出了赤裸裸的愤怒。你是不是无意识中有这样的想法啊？就是不能贴近赤裸裸的情感。我想你有可能是从一开始，就把诗和实际生活，这个实际生活不光是指私小说那个意义上的，总之，你的诗的美学在根本上是建立在把诗和实际生活切割开来的基础上的。说起来，《四季》[1]那一派的诗人也是这样，像立原（道造）[2]就是，这种人还挺多的。这种心理上的倾向是不是无意识的呢？说到《四季》，应该说是轻井泽[3]派吧？那边原本几乎都是避暑的地方。

谷　川　那是个非常抽象的地方。

鲇　川　离首都也特别远。所谓首都，作为政治和社会活动的中心总是特别喧嚣。这里能摆脱首都的喧嚣，也在某种程度上拥有比较有文化气息的环境。我在学生时代也很喜欢堀辰雄[4]，还有立原道造的第一本诗集也很吸引我，所以在某种程度上我是明白这种感觉的。那段日子我把堀辰雄的作品读了个遍，我都不知道自己怎么就这么沉迷了。他有一本叫《鲁本斯[5]的赝作》的短篇小说，我不知是听谁说的，它被单独出了一本书，都不知道这本书

1　《四季》，日本诗歌杂志。现代抒情诗的中心，1933年由堀辰雄创刊，主要同人有津村信夫、立原道造、中原中也、萩原朔太郎等。

2　立原道造（1914—1939），日本诗人。

3　位于长野县东信地区，是日本最古老也是最著名的避暑胜地。

4　堀辰雄（1904—1953），日本小说家。

5　彼得·保罗·鲁本斯（Peter Paul Rubens，1577—1640），佛兰德斯（今比利时）画家，巴洛克画派早期代表人物。

是不是真的存在，甚至我至今都没读过它，当时我可是找遍了东京啊。

谷　川　哇。那是在战前？

鲇　川　当然了。那是我进早稻田大学的第一年。但那股劲头，往长里说，也就持续了半年左右。堀辰雄写《起风了》（1936—1937）的时候，虽然我也读了，但兴趣已经没有那么浓厚了。

谷　川　最后兴趣还是变淡了啊。在我家，我和我爸关系也是那种淡淡的，因为我爸总是忙着工作嘛。战争的时候，我爸好像和海军那边的人打过交道，策划了一些类似反战运动的事情，但我对此一无所知，可能也是因为我年纪太小吧。似乎没有人告诉过我，社会这种东西是靠人、靠个人来推动的。他们反复教给我的是作为个人的修养，比如说必须要有高尚的品德，如公私分明这种。对于如何理解战争，我采取的应该是您很讨厌的那种，作为自然诗人的一种非常自然的理解方法。战争是由人类发起、人类执行的，我却完全没法体会这点，即使我也遭到过空袭。一个初中一年级的孩子，看到 B-29 轰炸机来了，应该会想些飞机很漂亮，大半夜被防空警报吵醒特别困很讨厌，对战争感到愤怒，试图反抗，应该杜绝战争，为了消除战争自己应该做些什么，可我却从来没思考过这些问题。

　　比如说，我应该是在京都收听了天皇宣布战败投降的“玉音广播”，但我对此没有一丁点儿印象。既没有受到刺激，也没有为此松一口气，更没有觉得新时代要到来了，对我来说只是跟吃早饭一样平常的事。现在想起来，不知是幸运还是不幸，我欠缺了一种能成为自己人生观内核的具体的经验。我真的是一路平平凡凡地活过来罢了。

鲇　川　不不，没有人是必须遭受生活的苦难的。

谷　川　也不是非得是苦难，总之这段时间我就觉得，每个人，都拥有某种决定自己基本人生观的经验。看看我周围的人就是。比如说，一个人的某种性格，把它抽丝剥茧，到最后大多还是要归根于一个相当普通的日常经验。比如说，前一阵椎名麟三[1]先生写了文章讲自己第一次感受到绝望是什么情形，父母离了婚，家里没钱了，母亲就让当时上初三的椎名先生去大阪还是哪里的父亲那儿要钱。结果父亲非常冷淡地把他撵走了。他在大阪火车站里感受到有生以来的第一次绝望。父亲不给钱，自己拿不回去钱的话，母亲和自己就活不下去了，那是走投无路的绝境。我觉得这件事其实扎根在最基础的地方，支撑着这个作家的创作。我也有那么两三件谈得上是决定了自己人生走向的大事，但我总觉得它们并没有对自己的人生观造成多么深刻的影响。所以那种生活的苦难，感觉和我还是不在一个层面上。

鲇　川　说到所谓深刻的影响，就好比《圣经》中的一行也能给人深刻的影响是吧。但归根结底，像是为了糊口而遭受

1　椎名麟三（1911—1973），日本小说家。

的苦难，即使并不直接跟食物挂钩，也多少会对世界观、人生观造成一些影响的。连但丁都说过，吃别人的面包是多么苦涩，就像里面掺着石子儿。那也是因为你被放逐了。这种东西到底还是会缠着人一辈子的。所以自然也会对写出来的作品产生影响。但从诗人的角度考虑，你却说不好这种影响是不是正面的。一辈子都无法摆脱因为吃不饱饭所遭的罪啊（笑）。我还是觉得没遭过这种罪是最好的。去掉这些生活上的东西，纯粹从文学的角度来看，把谷川君你的情况，和跟你同时代的别的诗人的文学放在一起比较的话，还是能感受到你娇生惯养的一面的。很有趣的是，无论哪一代诗人里，都一定有你这样的人。我们这一帮人里的田村（隆一）就是这样，你要说他娇生惯养估计他还会跟你生气。但无论怎样，的确是有这种诗人的。即使生活上娇生惯养，文学上也能行得通，一定有这种诗人存在。

谷　川　过去可能我的确是被娇生惯养长大的，但某种程度上，成了家，有了自己的家庭之后，那种身为一家之主的意识就变强了。总而言之，我觉得自己还是一直有觉悟来背负起家庭所有责任的。

前一阵子大冈（信）[1]读了山崎正和[2]先生写的那本《森鸥外：战斗的一家之主》，和我说“特别有意思，特别感同身受，你也要读读，你也肯定会感同身受，感动

1　大冈信（1931—2017），日本诗人、评论家。

2　山崎正和（1934—2020），日本剧作家、评论家、戏剧研究者。

得落泪的”。他原来是这么看我的，太有意思了，也就是说，先不管我是不是在战斗，我在大冈眼里原来差不多完全是个父权大家长的形象。这么一看，我们《櫂》这一批人里这种家长类型还挺多的。川崎洋[1]、大冈他自己、水尾（比吕志）[2]都是，中江俊夫[3]倒有点不一样（笑）。我自己始终是在这个意义上有意识地去弥补自己不足的地方，这种想法很强烈。和作品无关，算是一种伦理上的负荷吧。自己从出生到现在都很幸运，在结果上这不能说是我的优势，也不能说是因为我在体制之内才会这样，但我现在的确是把自己视作被眷顾的一方。那我要为那些比自己活得不幸的、不怎么走运的人做些什么才好呢？相对来说我还是经常考虑这个问题的。

鲇　川　你说的这番话有点压抑啊。

谷　川　压抑，是这样吗？（笑）

鲇　川　我就不会这样想。不会特意去思考自己到底是受到了眷顾还是没有受到眷顾。所以在我看来，身为其中一方也没有必要非得为另一方做点什么才行。

谷　川　您是这么看的。

鲇　川　所谓人类啊，其实是没法判断自己到底受没受到眷顾的。年轻时还会羡慕跟自己同一代的、从同一所学校毕业的同学，现在却一点儿都不羡慕了。干脆冷淡一点，把这

1　川崎洋（1930—2004），日本诗人、广播电视节目作家。诗歌杂志《櫂》的创始人之一。
2　水尾比吕志（1930—2022），日本美术史研究者、民间艺术活动家、广播电视节目作家。
3　中江俊夫（1933—），日本诗人。《荒地》同人之一。

些跟自己区分开来也没什么大不了的。而且，即使你想为这些人做点儿什么，实际上也没有这个能力呀。嘴上说说就到头了。所以还是尽量不要跟人许下这种承诺。

谷　川　那当然了。鲇川先生，您现在出门坐轿车都没什么问题吧？我从一年半以前开始就坐不了轿车了。当然是有生理上觉得特别烦，也的确不方便的因素，但主要还是因为我想尽量减少尾气排放。我开始觉得，我家离地铁挺近的，坐地铁出行很方便。最近您和吉本（隆明）[1]先生也针对公害问题谈过一些东西，关于公害，我的想法还是逐渐倾向于，必须采取行动来解决它才行。这样一来，如何让自己和自己的作品跟公害联系起来，就成了我最头疼的问题。我在这点上跟您一致，把公害这个问题和自己稍微区分开来，作为一个市民尽可能做点力所能及的事，作品就暂且不着急扯上关系，先放在一个跟它分开来的地方。

这里有个例子，我去美国的时候见到了一个叫加里·斯奈德[2]的诗人，他就非常巧妙地把自己的作品和理念统一起来了。当然，他本身把印第安原生文化、东方的佛教，还有印度的密宗、日本的神道这些东西以一种非常美国人的方式混合起来，形成了自己的人生观，对他而言，投身于反对公害的社会运动和创作自己的作品完全不产生矛盾。他每次举办诗歌朗诵会的时候，就是

1　吉本隆明（1924—2012），日本诗人、评论家。

2　加里·斯奈德（Gary Snyder，1930—），美国诗人、环境保护活动家。代表作有《龟岛》（1974）、《山河无尽》（1996）等。（原注）

在用自己的诗来做反对公害的宣传。我实在是非常羡慕他这种高度统一的行动姿态，反观我自己，恐怕是没法把作品和实际生活很好地结合起来的。追根究底，还是要归于我对人类社会的未来仍然抱有一种期望。但是看看您和您身边的人呢，就特别洒脱，从一开始就认为追求这些东西没有意义，非常愚蠢，非常干脆利落地放弃，我对此感到十分羡慕。

鲇　川　原来如此啊。我倒是真不在意这些。我们就是普通的日本人嘛。

谷　川　（笑）

未来：总想对未来做点儿什么

记　者　我们能从谷川先生这种严格区分公私的举止中强烈地感受到您崇尚道德的高尚意志。一般而言，生活中的不幸才是从事文学的人的幸福，文学很难不成为私人怨愤的代言。您身上却似乎没有这种难以察觉的阴翳。

谷　川　因为我没有什么私怨嘛。没法有什么私怨啊，真是因为生活的环境太好了……（笑）

记　者　是因为您把作品和生活放在两个层面上分开考虑吗？

谷　川　我反而非常在意自己没有私怨，觉得很自卑。要问为什么，说白了，因为我压根没吃过苦啊（笑）。

鲇　川　但是私怨这东西很复杂。似乎人人心里都有，但实际上却不是这么回事吧。我也认真考虑过这个问题，我在战争中的确是蓄积了不少私怨的能量，但一直保持这种怨愤太难了。

谷　川　难道不是因为您那时已经对未来死心了？

鲇　川　其实这个能量是什么都无所谓，只要能支撑着我活下去，管它是私怨还是什么，虽然不是《忠臣藏》[1]，但只要是

1　根据日本江户时代1701年至1703年期间发生的元禄赤穗事件所改编的戏剧。主要讲述了赤穗藩家臣为遭幕府迫害自尽的藩主复仇的故事，为日本三大复仇事件之一。

有那种此仇不报非君子的狠劲儿，就能把人心拧成一股绳。所以就靠着这么点儿能量，一下子把它发散出来，写个两三年东西也就到头了，这也是没办法的。

谷 川 果然，在这一点上不同年代生人还是有一些区别的。记得田村先生写过，“不对未来抱以任何幻想就是唯一的幻想”，那我想《荒地》这一代的人，因为亲身经历过战争，在战后就会有一种明确的、像是摆脱了那种着魔的状态一样，发誓绝对不会再做某些事情这样的感受吧。而我们在这一点上就相对更健全，或者说更天真，饭岛（耕一）[1]、大冈、川崎（洋），包括我，都是一个样，心里应该都有一种想对未来做些什么的愿望。所以想一想，我虽然是在一个比较优渥的环境下长大，但对自己下一步的人生该是一个怎样的景象，还是一直有明确的认知的。

就像我还是独身的时候，那时才刚开始写诗，我想成为野上彰[2]先生那样的人来着。不是说想写出他那样的作品，而是特别想成为他那种既能写诗，又能写广播剧，能靠写作养活自己的人，为此我拼命工作。之后我结了婚，就想着要有自己的房子，想生孩子，这些事情成了我的新动力，我又能拼命努力干活了。然后等这些事儿都实现了，我还会冒出新的欲望来，这回又跟之前不一样了，我想放弃大众传媒的工作，想干点儿自己爱

1 饭岛耕一（1930—2013），日本诗人、小说家。

2 野上彰（1909—1967），原名藤本登，日本诗人、杂志编辑。

干的事儿。现在，我想把家建在远离东京的群马县的山里，不仰赖媒体，过自给自足的生活。感觉我这一辈子，眼前总是晃荡着一根胡萝卜，我就追着胡萝卜过日子。要是没有这根胡萝卜，恐怕我就要迷失自己了。可是看看您呢，您就不像我，一直追逐眼前的胡萝卜。我忍不住会想，您不追逐眼前的欲望，为什么还能活得这么好呢？

鲇　川　是吗？我也不是完全没有欲望。现在我也有想要的东西呀。人都会有这种想法的。不是浑浑噩噩地活着（笑）。

记　者　谷川先生这种想要生活在群马的大山深处的愿望，想必也和文学上的未来有关系吧？

谷　川　那可是息息相关啊。实际生活的未来和文学上的未来是没法分割开来的，一直都是这样。是一样的东西。

记　者　而鲇川先生的想法则是，已经对实际生活的未来（连带文学上的未来）死心，所以只要能比现在活得更轻松就行，是这种程度吗？

鲇　川　那倒没有，很不可思议吧。活得更轻松对我来说又有什么意义呢。我也没因为吃饭发过愁。而且，我也没玩儿那种不砸大钱就没意思的东西。但是有一条，你刚才说的那个公害，我不怎么信得过这个。当然，像是汞中毒、米糠油中毒这些我都明白。我不太相信的是你刚才说的废气公害。媒体越是大张旗鼓地炒作我就越不相信。你看我，支气管不怎么样，可以说跟慢性哮喘也没什么区别了，我的皮肤也异常地敏感，可现在不还是什么事儿都没有嘛。甚至最近还治好了呢，你说滑稽不滑稽。就算我跑去那些说是光化学烟雾污染特别厉害的地方，浑身哪儿也不痛不痒。虽然这些事不能大肆宣扬，可你看有哪个司机眼睛疼的。那基本都是学校的学生和他们周围的人吧。说到学校的学生，我也是个不怎么样的学生，所以清楚得很，只要有一个人嘟嘟囔囔说难受要去医务室休息，别人也会跟着说我也要去我也要去的，就是有这种心理。何况是公害这种东西，这么大张旗鼓地宣传，搞不好就是这种心理作祟。不过现在的小孩儿，比起咱们那个时候，可能要娇嫩得多。

谷　川　不不，关于这种局部的数据到底是不是心理作用，我们都不是专家，没法下定论。不说这个，那夸张一点，您觉得地球整体的文明就这么发展下去真的行吗？

鲇　川　我倒是不觉得维持现状是个好主意。但现在说实话，在很多方面已经踩下了刹车吧？不是有那个《马斯基法》[1]嘛。总之我死之前就靠它起作用啦（笑）。绝对不会超过限度。即使超过了限度，人也不会呼啦啦全病倒了，或者人类干脆灭绝了，我觉得这种事儿根本不会发生。限度原本就在那里，可是人类还是越来越多，平均寿命也越来越长。我反倒想让人类遏制一下这个增长势头呢。

1　《马斯基法》（Muskie Act），《大气净化修正法》的通称。原本为美国于 1963 年 12 月指定的防止大气污染的法律，分别在 1970 年、1977 年和 1990 年经历了三次大幅修订。特别是 1970 年的修正案由参议院议员爱德华·马斯基提出，故称之为《马斯基法》。（原注）

谷　川　当然，人口爆发性的增长这一公害，这个有点不太好用日语形容……

鲇　川　就是环境破坏。

谷　川　它也被视作环境破坏的一个组成部分吧？当然这要包含以上所有公害来看。

鲇　川　但是，就算你把前面的都算上，从整体上来看，废气公害也算不上什么大事。单把这一点拎出来，看上去是个了不得的大问题，但把人类的未来作为一个整体来看的话，废气污染不过是一个微乎其微的问题。况且现在关于这个问题充斥着太多聒噪的声音，所以现实世界越来越受到控制。那些看似处于自然环境控制下的东西——“自然”这个说法也有问题——里面也掺杂着政治的因素。虽然在我看来，政治也属于自然环境的一部分。

谷　川　您这么说，听上去倒和您讨厌的“四季派”没有区别。

鲇　川　其实，在某种程度上我觉得战争也是如此。我不认为战争都是人为的。当然我不是说什么战争也是自然的一部分所以就要对它加以肯定，但我仍然认为它的确属于自然环境的一部分。历史也是如此。所谓历史，如果只挑出其中一小段时期来看的话，的确有某种恣意性的东西起到关键作用的成分。又或者有一位伟大的历史学家横空出世，他的观点似乎是掌握着历史决定性的钥匙。但等到经历了数个时代再回头看，这一切仍然从属于自然环境。自然也是人类的自然。人类会做违背自然的事儿，可包含这些在内，都是大自然的一部分。

平等：因不平等而有意义

谷　川　您之前表示，无论是反战、中立，还是鼓吹战争，您不会主张其中任何一个立场，您的自然观是不是也以此为基础呢？

鲇　川　那是因为，我认为反战也好，中立也罢，甚至好战，这些全都会转化成政治上的力量。什么都转化成政治可太讨人厌了。我对政治这种东西一点兴趣都没有。想玩政治的人自己玩得了。话说难听点，就相当于我给你们开一张空白的委任状，你们自己想怎么弄就怎么弄去吧。为了你们的胡搞，这人世间变得越来越差劲，对我来说也无所谓。我就在这儿观察着，看着状况恐怕要不妙，再想招来解决就行了。

谷　川　我也是，非常能理解您这种心情。但我有孩子了嘛，所以不管怎么说还是挺担心的。生孩子这件事，意味着你要肩负一种责任，等孩子长大成人的时候，我们做父母的得提前把世界打理得像样一点才行。虽然这种想法也不能说是完全对。

鲇　川　当父母的都会这么想吧。可是，就算没有你，孩子也会长大。

谷　川　仔细想想是这个道理。但我是觉得有点自相矛盾啦，因为要问我希望孩子将来成为什么样的人，我是一点预想都没有。孩子在学校又是考试又有一堆活动，这样的事越多，感觉自己心中的印象就会越具体，我不喜欢这种感觉，但我太太呢就还是一边说着自己不做虎妈，一边又很在乎孩子的成绩，时刻注意着孩子的举止。换成我呢，不管孩子将来是穷得叮当响，还是成了大学者，我觉得这两种都挺好的。只有一条，成为哪种人可以自由选择，但要尽量有能做选择的条件。

哎，是呀，现实中人类世界跟动物世界一样，都是弱肉强食。但现在不是有种风潮嘛，要把这个弱肉强食给逆转过来。也就是说，重新赋予弱者各种权力，再去抑制那些强者。从现在这个时代的实际情况来看这是理所应当的，无可厚非，但把这种想法实现到极致，不就是“人人平等”这么一句漂亮话嘛，我是觉得这种“人人平等”的思想有让我难以理解的部分。

鲇　川　我也一样。之前和吉本对谈的时候，我也是到最后都揪着这点不放。虽然我估计他也是这么想的。怎么说呢，其他动物的话，我可以认为它们是平等的。虎皮鹦鹉是平等的，蚂蚁虽然有阶级分别但也是平等的。相对来说，我可以很自然地认为它们是平等的。但是人类能说是生而平等的吗？比如说肤色就不一样吧。虽说肤色不同在生物学上完全不成问题。但你的脸、体格，还有能力上都会不一样吧，再加上社会性的条件，立刻就有了歧视。我们从科学的角度思考的话，忽视掉这些细微的个人之间的差别才是正确的做法，但轻易地去认同“人生而平等”不可取。否认眼前看得清清楚楚的事实，这是很不自然的。倒不如说，把人不平等当作一个大前提来考虑，所有的事情才能有一个解决的办法。

谷　川　我是怎么想的呢，现在比如说让我思考，弱者和强者以各种形式相互争斗，那么正义属于哪一方呢？这个问题的答案会让人非常无可奈何。这是一个困局，弱者变强的时候，或者反过来强者变弱的话，变弱的强者又会被变强的弱者欺负，所以到头来不是说正义属于弱者还是属于强者，而是跟大自然里的动物一样，要一直战斗到死才能分出结果，除了战斗以外没有别的可以理解的出路。要是按照这个思路想下去，成为什么样的人不都无所谓了嘛，在这个意义上人类真的很不自由。

举个例子，有人说职业不分贵贱。所以我也会说，你做木匠也行，做大学教授也罢，我都同意，但你要做木匠的话必须做个手艺好的木匠才行（笑）。这就完全不平等了。我搞不懂的就是这一条。要是真的人人平等，手艺的好坏又有什么关系呢？

鲇　川　现在要做个手艺好的木匠可比做大学教授难多了。但是到了实际生活中，就不能把一切都乐观地推给距离问题了。因为站得远远的看就会很美啊，妻子也是，远远看着是不错，但到头来还得在眼皮子底下过日子。所谓平等，我反而认为这是人类想要摆脱歧视的一种理想。因为不平等，所以把平等作为理想的思考符合伦理。如果从一开始就人人平等的话，那也没有努力的必要了。所以符合伦理的思考中，也包含着相当一部分必须下意识努力的成分。《圣经》的十诫中有一句“不可杀人”，现代人当然觉得这是理所应当的，但在没有戒条之前，我想“杀人”才是当时的理所应当。所以“不可杀人”这一戒律才有其重大的意义。如果某种行为是生活中理所应当的举动，那么根本就没有去强调它的必要。平等也是一样的，因为不平等，所以“平等”才有了它的意义。

谷　川　归根到底，假如人类想人人平等，那么最后必然会抵达不只是文化上的差异，连生活水平的差异也必须全部清除的层次。我认为，在社会制度的意义上认可这种行为是不可理喻的。那是地狱。

鲇　川　反而会非常无聊吧。我们现在能把某个地方当成天堂，那是因为有歧视存在才衬托出来的。要是真的没有一点儿歧视了，那就是地狱吧。还有比地狱更无趣的地方吗？

谷　川　虽然这么说可能会引起误会，正是因为您说的这个，之前我和吉本先生对谈的时候也提过，就是一种类似大彻大悟的状态——某种程度上，以一种近似悟道的状态去达观地接受自己身处的环境，我对这种想法很感兴趣，也就是说一定要分类的话，我也属于这种人。但是呢，既然话说到这个份儿上，那按这个道理，水俣病[1]的患者也只好忍气吞声吗？我们又没法把话说得这么绝对，这么一来，自己果然是被优渥的条件惯坏了吧？我又要陷入这种奇怪的自卑感中。如果不去这样达观地思考，

1　日本1956—1968年在熊本县水俣湾周边地区发生的有机汞中毒引起的神经性疾病，属于典型的公害病。

那在我看来，地球上的文化今后会有逐渐一体化、均等化的一面；但与此同时也会有更加多样化的一面，因为无论多么蛮荒的文化都是等价的，和文明社会的文化没有区别。所以我们心中会有这样一个想法，那就是大家的价值都必须是一致的，也就是说没有什么地方是地球的中心，西欧文明也不是主流，所有的文明都应该保持着当地独有的色彩共存下去。人类在各种各样的文化中过着各种各样的生活，不去评判文明的优劣，在内心世界的富足中变得平等，我觉得这才是最符合人类愿望的解决方法。

鲇　川　是啊。但也可以说在最差的生活条件下，平等应该得到尊重。

谷　川　是的。这样更明确。

鲇　川　除此之外也没有更多的意义了吧？人类的意识或许本来就是从歧视中产生的。没有歧视的话，意识也不会进步吧？我想正是因为意识到差别，意识这个东西才会越来越发达。如果生下来就是完全平等的，那我想人类是不会让意识得到发展的。

但是，我们来看人类历史的话，文化也是这样，它里面仍然有一种理想化的东西，看起来就像要被乌托邦思想吸收一样。我认为这种思想难免会走向一种法西斯主义。还是多样化比较好。价值、方向等这些暂时摸不清楚的东西，我都先赞成它们走向多样化。之后的事情之后再考虑。就跟出现了一个新的玩意儿，或是开了一所新学校一样，总之先给人家加加油比较好。

谷　川　原来如此（笑）。我在这点上可能有点儿不一样。大致上，现在的我比起大的东西更愿意去支持那些小东西。这就是住在东京的人的一种生理反应吧。比如中野站站前建了一个什么勤劳青少年中心，弄得像金字塔似的，我一看到那种东西，生理上就不禁作呕。

鲇　川　那到底是个什么地方啊？

谷　川　就是让那些家长在中小企业上班，没有好的福利机构可以使用的青少年在那儿玩的一个地方。

鲇　川　谁出的这么个主意啊？

谷　川　该不会是美浓部（亮吉）[1]先生吧（笑）？我一看那种特别巨大的东西，生理上就特别受不了。我住在杉并区嘛，那附近就没什么东京大都市的感觉。因为附近有国铁有轨电车的阿佐谷站，以那里为中心有条商业街，日常生活需要的东西几乎都能在那里买到。那个规模就刚刚好。所以与其说我住在东京，不如说我就住在阿佐谷这个地方。我朋友搬到赤坂附近的公寓去了嘛，真奇怪，我竟然生出一种敌意来，好家伙，你这是搬到不一样的大城市去了啊。我自己出门的时候，虽然都是在东京都内行动，心理上却有种去别的城市旅行的感觉。

鲇　川　果然是这个样儿啊，现在的东京。之前有人说得好，一个城市，站在一个小山丘上，环视一圈能一眼望尽，有这么大就差不多了。

1　美浓部亮吉（1904—1984），日本经济学家、政治家，曾于1967年至1979年任东京都知事。

梦想：认真吃饭，跟人见面，好好生活

谷　川　我有这种感觉——现在东京的这种基本由大众传媒支配的文化，总觉得它对我来说有点过于夸大了。年轻的时候有一阵，我还尝试过把诗歌引入这种文化中，现在则是反过来，尽想着要撤出来，看看能不能再创造一个比较小的文化圈。所以我还不能彻底隐居在群马县，在那儿养活自己，就得靠电话、电报这些，到头来还是得跟东京的文化圈子扯上关系。

鲇　川　开销更大了。

谷　川　反而会这样。我不想弄出这种局面，所以就试着去融入附近的上田、小诸这些地方，在那儿吃饭，跟人见面，好好生活，这是我的梦想，也是我现在努力做的事儿。在这个意义上，您是没有梦想的吧？您在东京一个地方就能生活得很好。

鲇　川　最近这段日子的确没有，但也不能说完全没有。你刚才所说的我也常常思考，但我只是不怎么表达出来而已。战争那会儿，我最后从疗养所出来的时候，真的想过就在这个深山里的村子过一辈子。那时候我拼了命地做老百姓的活计，花了半年时间在山里开垦出耕地，种稗子，做的全是这些事儿。

谷　川　既然您也在思考这些事情，我认为还是说出来比较好。像加里・斯奈德这个人，不光提出主张，还身体力行地加以贯彻，自己盖了房子住在里面。当然他能做到这些也有身处美国的因素。该说这是他的生活方式吗，在他的思想中，正是自己的生活方式才把他造就成一个诗人，如果不伴随着这种生活方式，单纯在语言上他是无法成为一名诗人的。我和他一样，如果不从生活方式开始彻底改造自身，想来我写的东西也终究不会发生什么改变。所以如果您能对我表示您也有同样的思考，我想我会受到很大的鼓舞。

鲇　川　不过，我的确了解普通老百姓的真实生活是什么样子。这跟一直在城市里生活，甚至在中流、上流家庭里长大，厌倦了都市之后所向往的乡村应该大有不同。如果下决心生活一辈子的话，乡村完全是个可怕的选择，即使能挺过都市这个地狱，乡村也有让人难以忍受的一面。归根到底，对乡村的向往仅仅是由于乡村有城市里没有的东西，但城市里也有乡村没有的东西啊。

谷　川　安部公房[1]在这点上谈得很清楚。大家只是无法忍受对都市恶语相向，但在农村根本无法与人相遇。正因为有了都市，人和人才能相遇。

鲇　川　那是当然。你心目中的乡村不过是高级别墅区罢了，只是把都市好的地方搬到良好的自然环境中而已，这就是刚才说的你那种优渥生活的影响。如果不是这样，而是

1　安部公房（1924—1993），日本小说家、剧作家。

真心觉得非得进入真正乡下人的生活才行——地方上的小城市也可以，那就又不一样了……

谷　川　肯定没想过非得这样才行。我其实对此感到相当恐惧，只是一门心思想着怎么糊弄过去，摆脱这个环境罢了。我刚才虽然一直在说群马县，只是因为那是块儿和轻井泽差不多的抽象的土地，根本不是真正的乡下。也就是说，我只不过是投机取巧让自己栖身在一个别的维度上，既不踏进农村这个地狱，又能逃离东京，说到底全是自私自利。

鲇　川　所以说你这就是因为过着好日子……（笑）不过话说回来，这么想的人可多了，特别是现在。

谷　川　实际行动起来的人也不少。

鲇　川　谁不是这样呢，跟我一辈的人也有啊，非要在能看见富士山的地方买个别墅啥的……

谷　川　我不喜欢别墅。把生活重心放在东京，然后在东京和别墅两边奔波，这我可受不了，把重心反过来还差不多。再奢侈一点的话，我希望能把跟我相似的人都聚在一个地方，大家既能一起工作，也能一起谈天说地，要是能有这种状态该多好。可是到了这个岁数，背上了社会各种各样的负荷，这个愿望上哪儿能实现啊。所以我才无所顾忌地畅想一番。

　　不过，我是作为独生子女长大的，假使围着自己家建那么几所房子，把人叫过来住，比如说叫上中江俊夫，再叫上大冈一家子，问问他们要不要一起住，就算他们奇迹般地答应了，我就真的能跟他们一起过日子吗？我可没有这个自信。因为那是一种共存生活，如果不在某一点上做出大量牺牲，其实是办不到的。我有点儿担心，自己能不能成为这样的人。

鲇　川　我倒是能理解你为什么讨厌东京。

记　者　也就是说，谷川先生如果不把自己跟东京切割开的话，无论是文学作品还是本人，在结果上都会感受到濒临破灭的危机是吗？

鲇　川　我觉得不是，难道不是觉得只有这么做才能完成更多的工作？

谷　川　我不是这么想的。说到底我和您一样，在东京工作让我感到极度厌倦。人在东京，想跟大众传媒划清界限太难了。人家会打电话，也有不得不还的人情。所以还是得离开东京，到没有电话的地方住，生活多少会艰苦一点，但东京那边的人说不定就会慢慢忘掉自己，把联系断掉，总之会有些实际行动的吧？如果要问我现在住在东京就没法工作了吗，其实也没有那么绝对，这倒是意外地关系不大，工作还是能做的。

我其实很喜欢都市。在群马待上一个月，我就特别想跑一趟东京。驱使这种人行动起来远离都市的，某种程度上是意志力，但同时更是自己心中奇怪的想象力虚构出的一种幻想。一旦行动的结果是凄惨的失败，说不定还会回到东京。不过作为一种将来发展的方向，我心里不知为何倒是一直有个预期，那就是离开东京总比留在那儿好。

鲇　川　这预期我也有啊，等到七十岁了就去乡下这种……（笑）所以啊，你可能只不过是提前了那么一点儿。说到底，讨厌大众传媒就是因为你太为他们服务了。天天为别人服务，总有一天会厌倦的。你老婆也是这么想（笑）。

谷　川　在外人看来我的确是为传媒服务了，可我自己却觉得，我本人没有什么服务的才能。服务对我来说，并没有成为什么痛苦的经历，我为人服务的时候还挺乐在其中的。反过来说，我做这些事儿的时候也并没有经过深入考虑。首先，我能拿到报酬，为了钱我确实工作得很盲目。我也没有别的固定职业，只能走这一条路。迄今为止做过的事都是我生活中感兴趣的、能开开心心完成的，而且是我力所能及的。所以与其说和献身带来的厌倦不同，倒不如说“服务”这件事儿本身就属于我的一种伦理。

以前的我有一种含混的想法，给大企业提供帮助的话，就能使自己和日本的经济成长踏上同一条轨道，对自己是件好事儿，对诗也有正面影响。但现在，我的想法是敌对的，我的心理已经变成了给大企业提供帮助，就等同于给战争提供帮助。现在我觉得比起经济，大企业跟战争的关系更紧密。而以前的我，就好比喜欢车的那会儿，看看汽车公司的广告什么的还挺开心。但现在我没法坐轿车了嘛，已经从生理上开始排斥了。从这个角度看，我活得还一直挺单纯的。

（1973 年）

鹤见俊辅（Tsurumi Shunsuke）

1922 年生于东京。哲学家。毕业于哈佛大学哲学系。1946 年与丸山真男[1]等共同创刊《思想的科学》。历任京都大学副教授、东京工业大学副教授、同志社大学教授。著作有《极限艺术论》《战争时期日本精神史》《期待与回想》《埴谷雄高[2]》《鹤见俊辅书评集成》等。2015 年逝世。

1　丸山真男（1914—1996），日本政治学家、思想史家，东京大学名誉教授。
2　埴谷雄高（1909—1997），日本政治与思想评论家、小说家。

只要像这样一点点整理自己的生活，
我想人会自己找到该前进的方向的。

初次见面，谈谈日常

对话者
鹤见俊辅

初登于《现代思想》1976 年 5 月号。

关于怀疑

谷　川　这么一看，我跟您名字里有一个字一样呢。

鹤　见　啊，真的。我才注意到。我其实有点儿爱躲着自己的名字走（笑）。

谷　川　之所以注意到，还是因为我听说，桑原武夫[1]先生管您叫“阿俊”，这是桥本峰雄[2]先生写的吧，在著作集的月报上。我一看就吃了一惊，因为我身边也有人叫我“阿俊”。虽然我不太喜欢这个称呼。这么说来我们都叫“俊”这个名字，在桥本先生笔下，这个“俊”字看上去闪闪发光，那我想，能跟您重名一个字该多有意义啊。从测字的角度来看，保不准就是这么回事儿呢。

虽然一直有心关注您的名字，但我直到最近都没怎么拜读过您的作品。其实是今江祥智[3]先生的那本杂志，《儿童文学 1972》。您在那上面做了一个关于“无意义”的对谈是吧？实在太有意思了，我看了两遍三遍还不够，上面画满了线，正想着要好好读读您的作品的时候，收到了这次对谈的邀请，我就去读了您的作品，前面我也说，感觉跟您重名一个字很有意义，虽然我这么说有点

1　桑原武夫（1904—1988），日本法国文学文化研究家、评论家，京都大学名誉教授。
2　桥本峰雄（1924—1984），日本哲学家。
3　今江祥智（1932—2015），日本儿童文学作家、翻译家。

狂妄，但是怎么说呢，我产生了一种亲近感。具体是哪儿感到亲近有点不太好形容，但编辑部却以一种十分敏锐的直觉，围绕着我和鹤见先生两个人，特意准备了“谈谈生活”这么个主题，我相当佩服。

您很喜欢“团子串助”[1]对吧？跟您相反，我反而对吉野源三郎[2]的《你想活出怎样的人生》非常着迷。单看这两个作品，就能明白我们是哪里不一样，但就您而言，作品里体现了不少您对人生的思考吧？这是个永恒的主题，读您的任何一本著作都有这种感觉。不管我读的是论文还是随笔，都像在读我自己同别人探讨人生时得到的答案。我想这一定是您的独特之处，所以，今天我格外想跟您探讨一下人生（笑）。此刻我虽然是这种状态，但感觉还没摸到头绪。我抱着这个念头来，现在倒有点不知所措。

鹤　见　为了这次对谈我特意翻了一下，我特别喜欢读你这本叫《九十九首讽刺诗》的诗集。

谷　川　真的吗？您怎么也不给我写封信说一声呢……（笑）

鹤　见　你看，这上面还写了不少东西。这可不是才写上去的，刚出版的时候我就读了，做了好多批注。

谷　川　哎呀，这本书当时没什么反响，挺让人气馁的。您给佐藤忠男[3]先生写了那么长的信，为什么没给我写呀（笑）？

1　指宫尾茂夫于1923年起连载于《东京每夕新闻》的漫画《团子串助漫游记》。

2　吉野源三郎（1899—1981），日本儿童文学作家、翻译家、反战活动家。

3　佐藤忠男（1930—2022），日本评论家、编辑。

看来是时机不凑巧。

鹤　见　这本诗集在我心中很有影响力。现在这本《定义》读起来也非常有趣，但感觉它要想在我心中制造出一些影响的话，需要花很长时间才行。而《九十九首讽刺诗》在这十年里，被我反复阅读，已经成功地在我的心里扎根了。对《定义》我可以很痛快地写出一篇书评，但我不想用简单的 A 就是 B 这种下定义的方法来靠近《九十九首讽刺诗》。总之它真的很有意思。

谷　川　《讽刺诗》是我送给您的吗？

鹤　见　书里还夹着这个（展示写着“谨献”字样的纸片）呢。

谷　川　那就是我送的。在那个时候我应该也读了一些您的作品。但是您一向都是围绕着“越平联”[1]、转向问题[2]以及战争责任问题来进行讨论，我直到最近才开始对这方面的话题感兴趣。所以一开始我觉得跟您的距离特别遥远。

鹤　见　哪里的话，其实我还准备了一个故事来引入正题呢。有个叫铃木晴久的人编了一本叫《驴耳朵》的杂志。目白那一片儿有个罗格斯英语学校，管事的牧师特别懂经营。那个人原来好像是海军大尉，是个响当当的人物，后来却做了牧师，从传教士那里学了英语，不但特别擅长经

1　“给越南以和平！市民联合”，简称“越平联”，是日本反对越战的运动团体，也被视作反战、反美团体。中心人物有小田实、吉川勇一、鹤见俊辅等。

2　“转向”指共产主义者、社会主义者抛弃原有思想，转为支持帝国主义、军国主义思想的行为。特指 1935 年前后日本的共产主义者在国家强权暴力迫害下被迫放弃思想信条的行为。

营，还特别向往和平。这种人才能做出一番事业。当时他就在教会内部编了《驴耳朵》这本杂志。编辑就是这个铃木晴久，据说他在《驴耳朵》上弄了一个“八木重吉[1]特辑”，就想找村野四郎写一篇关于八木重吉的诗的文章，结果村野四郎说：“我不喜欢八木重吉的诗，我不信上帝，写不了这种东西。”铃木晴久就和他说：“那您就写一篇关于您不信上帝，上帝不存在的文章吧！”说完就回去了。随后他在编辑后记里，对八木重吉关于信仰的诗和村野四郎怀疑信仰的诗究竟哪个比较重要进行了讨论。我非常佩服这一举动。写这篇后记的时候，铃木晴久并不讨厌八木重吉，相反，他喜欢八木重吉喜欢得不得了。所以才会去找村野，请他写关于八木的文章。于是，他直面了村野对上帝的怀疑，拿到了他怀疑信仰的诗作。相当于他把怀疑和信仰放在同一个层面上思考……也就是说他有充分的自觉，如果自己站在信仰的立场上就容易拘泥于信仰，站在怀疑的立场上则会看不清自己的信仰，抛弃怀疑也就意味着信仰的死亡。

谷　川　原来如此。

鹤　见　我觉得这种思想上的摇摆非常可贵。如果完全抛弃怀疑，留下的只会是法西斯主义。他在拒绝这种立场。我很佩服在那个环境下还能诞生这样的人物，并且他还用教会的内部杂志这种形式来表达自己的立场。我读这本《定

1　八木重吉（1898—1927），日本诗人。生前仅有一册诗集得以出版，逝世20年后作为基督教徒诗人受到好评。

义》的时候，感到它的实质与这种摇摆非常相似。拒绝成为对被给予的某种定义囫囵吞枣的人。总是在自己最新的、当下的状况中对事物加以定义。定义有无限的可能性……既可以这样看，也可以那样看。手续上要尽量严谨，如果按这个方向思考的话，就会出现无法定义的部分，或是有可能存在别的定义，就好像是数学中的自由——小学生、初中生的数学并不自由，答案是固定的，但数学本该是自由的——定义也是自由的，它就相当于人类精神的轨迹，在它的源头存在语言的基本规则，无论是宗教信仰还是政治信念，都应当遵循同一套规则。不遵循规则，终究会演变成肉体的斗争。有这么一个称不上流派的流派,对此非常珍重。就如同我十分佩服《驴耳朵》，我也十分佩服《定义》。以上就是我对《定义》非常迂回的感想。把别人下的定义当作理所当然的东西接受的这么一种立场，往这个立场上堆上一层层东西一路走来的，不就是所谓“日本的传统”吗？在这个传统上去开拓自由的领域。如何去理解对信仰而言的怀疑的意义，这非常重要。如果搞不清楚这一点，诗歌不过是政治口号罢了。我认为确实有这种领域存在。

关于大学

谷　川　您的著作，很多时候只是短短一两行就足以让我产生共鸣，其中有一句是：对于那些终极的问题，我能表达的只有它的解释是多样的，你这么解释也行，那么解释也没错。我也经常和我太太讨论一些问题，都是些特别无聊的东西，像是孩子在学校的事儿，或是对于见到的人是个什么印象，讨论的话题有很多，而我好像就属于这种人，即使不是终极的问题，我的意见都是这么说也行，那么说也对。我太太有时候就特别着急，说像我这么表达意见的话那什么时候是个头儿啊。而我也确实有故意的成分，比如我太太说是白，那我就非要说：不一定非得像你这么想，其实也可以觉得是黑。一半是刁难，一半是想显示自己的视野有多广阔，结果就是两口子跟辩证法似的吵起来。

这个"这么说也行、那么说也对"，作为认知现实世界的基本方法来讲，却意外地行不通，反而是只有一种……怎么说呢，尽管现实世界非常矛盾，但认为现实本身在结构上就是矛盾的这个看法，不是简单地解释成"这么说也行、那么说也对"就可以的，我反而觉得两者是同样的东西。

读了您的著作之后，我变得更加能够给予别人认同了。您很少否定别人，而是尽可能去夸奖他们、肯定他们。而且您夸奖人的方式非常高明，连我都忍不住感动。我就很想知道，您在否定别人的时候，实际上是种什么样的感觉呢？也就是说，您在对某人的某一方面加以肯定的时候，对于他其他的方面又是怎么想的呢……我说的可能有点太抽象了。

鹤　见　好难啊。回到原本的话题上，对于那些异常狂热、盲目的崇拜，我倾向于和它们保持一点距离，避免直接的刺激。这和左翼右翼无关。盲目的信仰具有极强的能量，也有一心做些好事的一面。如果我觉得他们是正确的，我会跟随他们行动，但我无论如何都要设置一些保留条件。所以可能有时候我在深思熟虑之后没有采取行动，但基本上我会暂且先把赌注下在某一边，一边下赌注一边加以怀疑……所以我才能勉强推动一些粗糙的政治运动吧。

而狂热的信奉应该从明治时期国家建立起来就存在了。日本的知识分子，有时候连那些刚从大学毕业的人都算上，大多数都会做出一个狂热信奉的框子，再把人硬套进去。所以他们会嚷着，康德的时代已经过去了，现在是黑格尔的时代，不不，现在已经不是黑格尔的时代了，时代属于马克思（笑）。明治一百年，对知识分子而言不就是这么回事儿吗？所以他们的理想是不可能实现的。他们连仔细阅读一本书的工夫都没有。要想的事情太多了。根本就不会这么仔细地读书。而是拿着一本书的思想砸向另一本书的思想。吉本（隆明）和花田（清辉）展开论战[1]那会儿，我看到一封《读书新闻》上

1　指1956年至1960年间，吉本隆明和花田清辉（1909—1974）两名评论家以文学工作者的战争责任论为源头，围绕政治、艺术运动等问题展开的论战，以吉本的胜利告终。

登的读者来信，简直让我大惊失色，信上写，“我可算是看清楚了你们的口诛笔伐，我已经把手头花田的书全卖了”（笑）。

谷　川　居然这样。

鹤　见　那场论战的影响也让我很惊讶。我觉得这种东西真没意思。我想离这种论战越远越好，日本大众心中思想的存在方式应该不是这样的，我更想贴近大众的思考方式。在我看来，明治一百年间日本知识分子的传统，就是先抓住眼下的先锋思潮，让自己跟它扯上关系，再把前一波思潮批得体无完肤，那么这种日本知识分子的“传统”自然不会在我的心里扎根。如果按大学那套惯例来做事，反倒意味着对真正传统的强烈拒绝。我一直在读你的作品，感觉其中包含了很多传统。这是不是因为你没去读大学呢？

谷　川　原来如此。

鹤　见　上大学的话，已经有一个类似于“康德的时代过去了，现在是黑格尔的时代”的框架定在那里，要想突破它太难了，不光学生是这么想的，连教授的想法也都局限在框架内。我觉得，你放弃读大学恰恰是一种意料之外的依据，证明了在世界思想的传统上，以及文学上对其他流派保持开放的这个地方为什么有理由存在。如果你去念了大学可能就不会这样了（笑）。

谷　川　您的作品里，就比如说《纸牌》这篇，行文真的很有诗意，为什么您没往文学创作这方面发展呢？

鹤　见　因为我上了大学（笑）。

谷　川　大学那也是美国的大学啊。美国的大学也跟日本的大学一样吗？

鹤　见　我想应该是走了一条不一样的路，在那儿养成了一种学习的规矩。

谷　川　您在美国读大学的时候，就已经决定好自己要学些什么东西了吗？

鹤　见　不，不是这样的，如果我没去上大学，初二的时候退了学，那之后我还留在日本，但是会离开家去别的地方住，重新振作起来。那我应该不会成为学者，而是走上别的道路。所以《纸牌》其实是我本来的前进方向。这个方向原本就在我心中定好了，没出国的话应该会一直沿着它走下去。

谷　川　要是让现在活跃的诗人铃木志郎康[1]来读您这篇《纸牌》，我估计他也要大惊失色。您到底是什么时候写的这篇文章啊？

鹤　见　是战后写的。但是十五岁左右就有想法要写了。

谷　川　我猜就是。

1　铃木志郎康（1935—2022），日本诗人，以极度破碎的口语表达、露骨的性描写与大量无意义的语言给诗坛以极大的冲击。

鹤　见　那是我这辈子唯一主动想做的工作。因此，我毫无意义地投入了大量的精力，反反复复地写。

谷　川　怪不得。既有现代诗的一部分要素，又有反小说[1]的要素，作为一部作品它非常前卫。当然其中也包含着哲学思考的萌芽。我是从月报上知道的，您在美国的时候说过，其实想从小学开始读起，那时候您真正想做的事情是什么呢？我对此很感兴趣。

鹤　见　想尽量让自己拥有一种别样的生活心境吧，而且我小学、初中读得都很糟糕，所以根本不觉得自己大学能读得有多像样。我从小时候开始就得了慢性的抑郁症。一直被我妈强行压抑着。但出了国就和家里没关系了。说的都是英语，和迄今为止所用的语言也没关系了，所以我的状态一下子就变好了。就跟小孩突然会说话了似的，大学的入学考试也通过了。那以后就变成搞学问的人啦。《纸牌》的内核还是别的东西。

1　反小说（noveau roman），对兴起于20世纪50年代的法国前卫小说作品的称呼。基于对传统小说方法的怀疑，用大胆的试验手法多层次、多角度地追求世界的“真义”。

关于语言

谷　川　等您开始能自由表达、自由写作的时候，已经是用英语了？

鹤　见　作学问时是这样的。所以英语已经深入我的生命。昭和十七年…… 也就是 1942 年离开美国之后就再没去过，所以现在说和写都不行了。跟日语比，英语差得很。但人还得写东西呀，文章的主干我现在还是用英语来写。书名我也是先用英语想。首先脑海中浮现出一句“on my horizon”。之后才是日语的《在我的地平线上》……

谷　川　跟武满彻的音乐有点儿像。

鹤　见　先想出“My Mexican Notebook”，然后才是《墨西哥手记》，都是按这个步骤来。这是因为英语作为思想主干的语言能够把它很浓缩地表达出来。用英语来着手更自然。语言真是种奇妙的东西。从统计学上讲，我现在几乎不会说英语，要是来检查一下我语言的使用情况，人家可能就会想，你既然能用日语，那英语对你这个人就没影响了嘛。但不是这么回事儿。这值得认真思考一下。就好像朝鲜人出生在日本，可能有的人会说的朝鲜语只有“妈妈”，那对这个人而言朝鲜语就没有意义吗？说得最流利的是日语，会写的也是日语，那么对这个人而言朝鲜语没有意义吗？肯定不是的。我想，母语的意义，也就是对一个人而言另一种语言的意义其实隐藏在很深的地方。它可能像是复活节岛上的石像，又像玛雅文明的神殿，虽然大部分都被掩藏在密林深处，但因其巨大，总会在世人面前展露一小部分。即使它存在的痕迹仅限于“曾经有过这样的东西”，也依然能成为精神的发条。所以仅仅靠现在的读写能力是什么水平，会说几种语言这些统计学上的标准，并不能完整判断语言对一个人的意义。这就是语言比较诗学的一面吧。

谷　川　现在您读东西的时候如何，日语比较容易？

鹤　见　日语读得快，但英语读得更通。日语有很多读不懂的。这大概是因为日本的学者是直接从原文书里把定义借用过来，变成自己的语言吧。因为自己不下定义，所以得在原文书上看看原本的定义是什么样，看看这个人是按照什么脉络下定义的，否则什么都搞不清楚。是这个道理吧？

谷　川　通常我们说的“文风”这个东西，在我看来至少在日语的语境下是非常暧昧的，您觉得英语和日语中，哪种语言在风格的把握上更为明确呢？

鹤　见　如果是你在《散文》里提到的那种明确指示的意义上来谈的话，那我觉得是英语比较明确。但从语言深层含义的角度来看，因为我是在十五岁之后在学校里学习的英语，而关于语言含义的联想可以在一瞬间扩大到一两千种。这种联想是我用英语做不到的。所以从深层含义的角度讲那还得是日语吧。

谷　川　我想其他人也和我一样，读某些文章的时候，虽然能理解它在说什么，也能在逻辑上接受，但就是喜欢不起来，而您在这一点上似乎比较宽容。归根到底，先不论字面意思和逻辑，您会从行文风格和内心感受的角度去区分对文章的好恶吗？就日语来谈的话。

鹤　见　那恐怕这个行业的大部分人都和我不一样。

谷　川　我好像跟您也不太一样。

鹤　见　俗话说得好，文如其人。像是福楼拜，为了找到一个合适的词语要花上许久的工夫，他的主张就是，一篇文章一定会有唯一一个精准的词语来形容。而我认为这种主张根本不值得相信。如果作为一个逻辑性的、认知上的问题来思考，或许会产生这种想法，但是，不单找出这么一个唯一精准的词语极为困难，想要在逻辑上论证词语的唯一性更是难于登天。所以我很难像福楼拜这样表态。他这个主张在我看来也不值得相信。

谷　川　以上观点我倒是也同意。

鹤　见　有很多人确实在推敲字眼上下了不少功夫，这我清楚得很。但是，非得找出这唯一精准的词语不可，功夫真正下到这个程度的，在我们这些写作为生的人里又能有多少呢？批评家同行里，我不觉得我是最钝感的那个。那也就意味着，其他人对语言的感觉也没敏锐到哪里去吧？尽管如此，他们怎么还保持着福楼拜式的语言认知呢？我觉得这很值得怀疑啊。

谷　川　说实话，我真的很喜欢您的文章。我不是指那种要细究遣词造句是否经过打磨，或是需要探讨点睛之笔是否有效的，作为一种推敲的结果存在的响当当的“名文”，而是指作者本身直观的触觉，无论他是肆意挥洒还是精雕细琢，都会在他的文风中与意义逻辑一同表现出来。这么说可能不太准确，所以我有点难以启齿，我想说的其实是作者对现实的那种感性，在我阅读体会这个人的文章的时候，我同时也在感受他是如何认知现实世界的。有时候，我觉得实在是没法忍受的文章，您却觉得不错，那我就明白，我跟您的感性是不同的。但我不明白，这是源于您比较宽容，还是因为过于沉浸在英语世界中，变得难以感知日语里这些微妙的东西了呢。

鹤　见　这恐怕是因为你比我更在乎对语言的雕琢，作为雕琢的结果，有一些东西你看不到。

谷　川　不，我并没有那么下功夫雕琢语言啊。即使我不雕琢语言，也会有看不到的东西吧。

鹤　见　陶渊明有一句话，叫“此中有真意，欲辨已忘言”。应该是《饮酒》诗里的一句，我特别喜欢。想说，但是找不到语言，说不出来。所以这……留给人类的最后手段，就是用姿势来表达自己。想表达的时候，说得出来的语言可能都很俗气。比如“谢谢”，或是平时不愿说的话，能说出来的只有这么多。但状况紧急，再无聊的表达，再老生常谈的说辞，再讨厌的话语，也都散发着光辉。

谷　川　完全没错。

关于文风

鹤　见　是对文风的一种信仰吧。这么看来，即使用令人生厌的风格写作，背后可能也有不可忽视的理由。举例说吧，我们来谈谈贺川丰彦[1]。我第一次去美国的时候，暂住在日本大使馆。当时的驻美大使斋藤博待我特别亲切。是我父亲拜托他收留我的。我当了斋藤大使整整两周的食客呢，天天都和大使一起吃饭。

谷　川　十五岁的少年和大使同桌进餐……（笑）

鹤　见　一起吃饭。斋藤博大使是个相当直言不讳的人，当时我们谈到贺川丰彦，他提到想要给贺川丰彦一些支援，特意去听贺川丰彦的演讲。当着美国人的面他是绝不会说贺川的坏话的，但贺川的演讲也太肆无忌惮了。把一切恶意地诉诸情绪，内容非常粗糙。我能体会斋藤博的感受。因为斋藤博本人非常感性。他跟白桦派[2]那群人是朋友，就把志贺直哉、武者小路（实笃）、长与（善郎）的作品特意摆放在自己的房间里。我们聊到什么样的文

1　贺川丰彦（1888—1960），基督教社会活动家。代表作有《飞越死亡线》（1920）等。（原注）

2　日本近代文学的一个重要流派，主张新理想主义为文艺思想的主流。后文提及的志贺直哉、武者小路实笃、长与善郎等人均为该派代表作家。

章才是好文章。他就给了我一本《伊凡吉林》[1]。那是斋藤大使去世的妹妹翻译的，收录进了战前的岩波文库。其实斋藤博还亲自修改了妹妹的译作，想要以此纪念她。

当时翻译《伊凡吉林》可不容易。现在日本跟美国的关系不一样，所以日本的外交官应该都会说英语，战前会说英语的人可就少多了。仅有的那几个里面斋藤博的英语也是出类拔萃的。他是个例外。帕奈号事件[2]发生的时候他还试图靠演讲扭转美国舆论，英语水平非常高。从他的文学感性出发，无论是日语还是英语，贺川丰彦写的东西、做的演讲，都让他难以忍受。考虑到他感性层次之高，我很能理解他的心情，但在阅读《飞越死亡线》的时候，人们还是能够感受到，贺川当时那种竭尽全力的态度。有什么东西，它超脱了文风的粗野。也就是说，文风是粗俗的，但贺川这个人有超凡脱俗的一面。就像大宅壮一[3]所说的，非常单纯的一条，那就是贺川绝非俗物，你看他一辈子攒了那么多钱，用现在的货币换算得有几亿日元了，最后却没有留下一点儿个人财产。完全没有金钱上的腐败。在这个意义上，无论怎么想，他都是个圣人君子。我觉得看一个人得把方方面面都看到才行。

谷　川　那从作家的角度，您怎么看呢？

1　《伊凡吉林》，美国诗人亨利·华兹华斯·朗费罗（1807—1882）创作的叙事诗，出版于1847年。日语版《伊凡吉林 哀歌》由斋藤悦子翻译，岩波文库1930年出版。（原注）

2　1937年12月12日，日本海军航空队在南京长江上游处将美国炮艇帕奈号及3艘美国商船炸沉、重创，该事件后被美国学者称为“珍珠港序曲”。

3　大宅壮一（1900—1970），日本记者、纪实文学作家、批评家。

鹤　见　有粗野的一面，但贺川的文学作品中，有迄今为止的作家洗练的文风所不能完全表达的东西。

谷　川　我想说的不是粗野和洗练的问题。如果非要用这两个词来替换的话，您说的一点都没错。但是要怎么说好呢，他更偏向虚伪，还是偏向真实？这样问比较符合吧。不是通过美学上的标准，而是对他这个人认识的深浅。

鹤　见　那我想，贺川的文风中恐怕有大量虚伪的成分。他以故弄玄虚的风格张开了一张大网，落网的人们总有一天会离他而去；他也有倒向军国主义的可能性，实际上他也确实这么做了。我很怀疑，用这么一张网捕获人心真的正确吗？在这个意义上我对他的态度有所保留。即使如此，与众多专业文人从明治到大正所做的种种尝试相较，贺川的文章确实有他的独到之处。也正因如此，他才能做到挺身而出，靠自己去动员大众，组织起川崎造船厂这么一场大罢工[1]吧。

从这个角度上看，比起贺川，我对小田实的赞同要来得更为自然。虽然小田也是直接站在大众面前发表演讲动员群众，但他即使面对上千名听众，说话的声音还是很小。一直保持着非常谦逊的姿态。听他的演讲，会让我油然而生某种影响一生的感慨，那就是，我可以跟随这个人做出一番事业。一般人有机会对上千人演讲的话，都会忍不住大肆煽动一番的。我是在政治世家长大的，政治家里这种人特别多。而小田对大众的说话方式

1　指 1921 年由贺川丰彦领导的神户三菱造船厂、川崎造船厂工人的大规模示威游行。

跟我们在这儿对谈一样，就是小声嘀咕，却行得通。

谷　川　这要多亏电子技术的进步啊。有话筒，还有扩音器什么的（笑）。

鹤　见　认识小田实是我终生的幸运，直到“越平联”解散，我还是这么想。

谷　川　这样啊。果然您看人绝不只是看文章而已。我的话，不但想只靠文章让自己生存下去，如果能对别人有益就更好。对人有益这个说法可能有点奇怪，总而言之，类似您的这种想要为提升更多人的幸福出一份力的愿望，我就会觉得这必须通过我的文章来实现，当然这也跟我本人的特质息息相关吧。对我这样的人而言，阅读他人文章的能力，创作自己文章的能力，这两个能力就是我唯一与社会接轨的部分。而对您而言，写作只是众多行动中的一个环节，这是很明确的。想必我们阅读文章的方法也大有不同。

鹤　见　这本诗集《夜晚，我想在厨房与你交谈》，里面这节“致小田实”，可太有意思了。我很喜欢。

谷　川　我写的时候是想着要亲密一点儿，结果有个人在评论里说，原来谷川也忍不住要大骂小田实一通啊，可把我吓了一大跳。我可受不了被人这么误会。就算诗歌可以自由解读，但这也太让人无话可说了。

鹤　见　这儿不是有一句嘛，“因为正义与我八字不合 / 所以我起码要把字写工整”。这句一下子就击中我了。但我理解的可能会变成别的意思。“所以我起码要把字写工整”的“字”，对我来说不是印刷出来的铅字。而是在这张纸上，因为我的字太丑了，想改好看一点，所以就反反复复地写，指的是这种举动。我的字写得特别差。

谷 川　嗯，您提过好多次了（笑）。

鹤 见　甚至啊，我十五岁到十九岁那会儿压根没握过笔。那当然写不出来了。所以我就总得翻字典。前天我就突然不会写外甥的“甥”字了。立马查字典。结果写出来一看，还是不满意，觉得起码得写工整点儿才说得过去吧。这不就成了诗中说的举动嘛。所以我想，透过这个举动，显露出了一点儿作为文学家、作为职业作家的自觉。信上，问候的明信片上，连我自己做的笔记上，字都难看得很，甚至看不懂，所以作为一种对自己的礼仪，我也得把记事本上的字写好一点。我是这么解释这两行诗的。

谷 川　对我来说这就是最理想的解释了呀。

关于伪善

鹤　见　你这本诗集里也提到了抑郁症，我一直都有这个病。抑郁症发作的时候，我得写稿，怎么都不想往上署“鹤见俊辅”这个名字，就想躲过去不署名，结果什么都写不出来了。就因为讨厌自己的名字。总觉得有人盯着我看，整个人特别颓废。所以我就变得特别不爱写自己的名字。哦，有这么一首诗吧，就在《九十九首讽刺诗》里。总之当个下等人就行。一无所有孑然一身，这就是生命的过程，管它是阿米巴变形虫还是蛋白质，有这么一个生命的过程就够了。我把自己当成这么一个低等生物予以肯定。把自己彻底粉碎一遍，再予以肯定，我反而变得快乐。从小就被名字压抑着，终于能从这个名字中解放出来，获得自由。只要我体内的蛋白质此刻都能一个个手舞足蹈起来，这就可以了。嗯，就是这样（笑）。

谷　川　这肯定就是跟您那篇《退化计划》接上的那条线吧。

鹤　见　通过自我退化，勉强生出些活下去的自信。如果连退化的权利都没有了，我一定活不下去。“越平联”靠小田的努力越来越壮大。光在东京就能办起十万人规模的游行。我虽然万分惊异，但无可逃避。所以我就到小田不去的各种地方尽力修补裂隙。只忙活这一件事就搞得我团团乱转。我必须得做演讲才行吧？越演讲，我就越崩溃，越觉得自己是个伪善的人。人是越来越不行了。这种情况下，我别无选择，非得写这篇《退化计划》不可。所以那是我们组织“越平联”的第二年吧，我正好从京都站的楼梯上摔下来，摔断了胳膊，那时候我想练字，左手摔断了那就用右手写，就去买了本《会津八一[1]书论集》，一边下了苦功夫练字，一边用整整齐齐的字写了《退化计划》（笑）。用一般的思路来想，既然写了这么一篇东西，这人就应该对政治恨之入骨，彻底跟它划清界限了对吧？可我不想这么干。归根到底，我是通过“喷射”出这篇东西，反向推进自己往前走。我想在对立中走自己的路。我不过是个伪善的人罢了，所以干脆试试看嘛。全世界的伪善者牵起手来，结束掉这残酷的战争吧，这就是我想发起的社会运动。口号就是“全世界的伪善者团结起来”。小田就有这么一面。

谷　川　原来是这样。

鹤　见　这才是他的好处啊。木下尚江[2]这个人也不错，在我看来他的心灵力学最终也是在追求这一点，而且实际上木下在昭和六年（1931年），也就是九一八事变之后，向往和平的意志变得更坚定了。河上肇[3]入狱之后，还特意写长信与外界沟通。这个在河上肇的《自叙传》中也提

1　会津八一（1881—1956），日本短歌诗人、美术史研究家、书法家。

2　木下尚江（1869—1937），社会活动家、作家。代表作有《火宅》（平民社出版，1904年）等。（原注）

3　河上肇（1879—1946），马克思主义经济学家。代表作有《贫乏物语》（弘文堂出版，1917年）、《自叙传》（全4卷，世界评论社出版，1947—1948年）等。（原注）

到过。那时的他对时势极为关注。直到最后他都没有承认天皇制度，仍然抱有出狱的决心。遗憾的是，仅从公开事件来看，表面上他的结局就是在明治末年写下《忏悔》一文，痛感自己是个伪善者，最后彻底远离政治。但我觉得，如果一个社会运动，它的参与者没有承认自身的伪善，那么它也很难称为真正的社会运动。

谷　川　那在这个时候，也就是说，承认自己是伪善者，正因如此我要投身于社会运动中——这种行为的目的，或者说对当下状况的反抗，换言之，虽然并没有积极的理想，但有比消极抵抗更进一步的东西，是这样吗？更积极的一种向往……

鹤　见　我们是无法固定出一个最终的形态的，相反，用一个否定的形式，"不可以如何如何"，以此为前进的方向，因为我的想法绝不是那种先确定"如何如何才是正确的"这么一个体系，然后依照这个体系做出个别判断。在这个意义上，我们确实拿不出一张像样的、理想社会的设计蓝图。所以倒不如说，即使战前我们听过各种各样的漂亮话，什么人道主义之类的，可鼓吹这些的人们却舞着大旗，大搞"满洲"侵略，最近又做出种种令人困惑的行径，我希望这些人离社会运动越远越好。负有战争责任的人应当远离政治，这就是我想遵循的基本原则。就这一条。至于到底是资本主义极其优越还是社会主义极其优越，我也有自己的一些意见和直觉。但比起这些，战争责任问题更重要。越南问题也是一样。我看美国人大可不必把自己的意见强加于人，而且因为跟他们有语言和共通的体验嘛，美国人会干出来的那些事儿格外刺激我的神经。真烦啊。我居然还对他们有这么深的感情。所以，我更想做点儿什么。虽然说我的不随意肌只有在关键时刻才会动一动。

谷　川　不过那真的是不受控制的不随意肌吗？也有这种情况吧，随着随意肌出于自身意志的选择，不随意肌才会运动。

鹤　见　没错。去检查不随意肌是怎么和随意肌的运动结合起来的，这很关键，但人下的赌注，结果始终是未知的。一不留神，就有可能赔进去自己的一生。但怎么说呢，我不会后悔，因为其中有乐趣，说乐趣有点奇怪吧，有人活着的价值。我只想在感受到价值的时候行动。

所以，我的理由基本上是这两条：首先，身上背负着过去战争的责任的人，试图用当年的手段做事的时候，我会予以反对；其次，我非常厌恶美国把自己的做法强加给亚洲人。需要我挺身而出的时候，我不惜牺牲自己。到了这种时候，我即使看不惯领袖的做法，也会一直跟随下去。但恰好是小田站在前面，他的说话方式、倾诉方式我都很喜欢。而且他向大众演说的时候也不失自己平日的风格。这是我参加如此之大的社会运动时最愉快的体验。

关于政治

谷　川　我自己是一直都没法参加这类运动，最多是捐点钱。这似乎能在我身上找到各种因素，一是我是独生子，比较喜欢一个人玩儿，和别的小孩儿就玩不到一块儿，恐怕跟我这个特点有关系，再或者是因为，我父亲这个人虽然会发表一些政治言论，但是绝对不会实际参与政治，估计我也受了他的影响。不过我自己在这儿分析也分析不全，总而言之，您刚才说了您参与社会运动的两个理由，我想在您说出的这两个理由的背后，应该还有理由（笑）。这是我最感兴趣的地方。也就是说，您是不是有这样的感受，就是无法原谅仅满足于享受幸福生活的自己。个人生活幸福可以满足的话，只要画上一道界线，现在的日本不也能让人活得挺舒心的嘛，只要这个人生活富足不就行了。但是，只有自己和家人生活幸福，是无法高枕无忧的，所以您才会投身于社会运动，我想是不是有这方面的因素呢？我们身边相对来说条件不错的这些人，想必也只会因为这个理由才去参与社会运动吧。当然，肯定也有一些人是因为现实生活中受到很大压迫，必须得通过参与社会运动来推翻压迫，但我想您应该不属于这种类型。您完全可以只满足于自己的生活，却仍然要投身于这种运动，行动的基础究竟是什么呢？

鹤　见　你的诗作中《鸟羽》的第三首非常有意思，用来形容我的心境正好。别人变成什么样都无所谓，我自己现在在这儿活得很幸福，哎呀，隔壁的人饿得直叫唤，而我却置之不理，舒舒服服地准备晒太阳，这就是我的感觉。我想先对此加以肯定。现在我体内的蛋白质正在喷涌出来……因为它们都在表示肯定嘛，我的感觉到头来跟厌世感还是不同的，这就是理由。

但是对我而言，如果只是秉承这种思考的话，现在的我——假设我还一直留在原生家庭，顺其自然地按照这条路线发展下去，那我体内的自毁作用一定会发作。总之，我的体内存在着攻击自身的力量。这股力量会把我逼到无法按原有方法活下去的境地。小时候我就开始出现这种症候了。所以从小我就无法忍受。该怎么形容呢，在家里待着坐立不安，去学校更是不行。从家到学校的路我能漫无目的地逛上三小时，到处乱走，所以全东京的大街小巷我都特别熟。当年的我就是这样。

所以，如果要问究竟是什么造就了我，那就完全是精神医学上的问题了，归根结底都要怪我妈。“你的祖父是多么多么伟大”，“你能像现在这样全都是靠你父亲”，我算是被教训得体无完肤。也就是说，我能舒舒服服地活着本身就是件极其屈辱的事儿。真的，打两三岁的时候起我就真心希望，要是能睡上一个好觉就好了。

谷　川　您说得也太直截了当了，虽说这是您自己的分析，可并没有客观的证据呀。说到您母亲的部分，听到最后我都有点揪心了。总之，您完全不相信所有人都是伪善者这一说法，相信自己的母亲绝对不是伪善者，并且对母亲给自己的爱深信不疑，听到您这么说，我真的很感动。但同时我又有点怀疑，事情真能解释得这么完美吗（笑）？不过这也不是什么来自他人的学术性质的客观分析，而是您自己分析自己，我觉得分析得特别透彻，而且我也挺喜欢自我剖析的，感觉跟您在方法上有点相通。

鹤　见　这种分析并不能成为普遍的理论。从普遍理论的角度考虑，根本无法把自我划分得那么明确。把自我的利益从人身上剥离开，再对其加以追踪，理念上是能这么说，实际上却做不到。日本人已经在这个国家过了许久的共同生活，在这两千年的历史中，几乎没有出现过私欲超乎寻常的人物。既没有赚得大量财富的家伙，也没出现过“死亡商人”扎哈罗夫[1]这种人。这样想来，从前的确是有一种风气，拥有财富到一定程度就要把它分给其他人，迄今为止这些多余的财富都被国家夺走了，那么现在不是靠国家，而是得靠自己采取某种自然而然的、跨越自我与他人界限的行动，否则连晒太阳这种基本的快乐都无法得到保证。我认为就是这么回事。关键就在于此。

1　巴希尔·扎哈罗夫（Basil Zaharoff，1849—1936），希腊人，出生在奥斯曼土耳其，是“一战”前后赚取暴利的军火商人，被称为“死亡商人”“战争之王”。

关于家庭

谷　川　那结果不是一样的吗？我的《鸟羽》本来是用反讽的手法创作的，可是大部分人却只看懂了表面意思，说实话弄得我有点狼狈。而我自己的话，无论走上怎样的道路——虽然我也意识到人的本性或许不过如此——在某种程度上，我只是一个每一刻都沉浸于自身幸福的人而已，说我这人厚颜无耻也好，投机取巧也罢，但我还是没法把自己限定在这个范围内，所谓的“自我”仍会不由自主地漏出来。我要如何来遏制自我呢，一想到此，根本无法让人松懈。我清醒地认识到自己是个彻头彻尾的伪善之人，这让我十分困惑。

即使如此，与您相比，我是那种完全不会诉诸行动的人，只是尽可能地一边去推测社会的走向，尽管很幼稚，一边在自己和家人的范围内去考虑，到了万不得已的时候，如何生活才最舒适，如何前进才是为人的正确方向。所以，尽管模棱两可，我心中还是有计划，比如说要盖自己的房子，出现石油危机的话，要在什么地方节约一点儿，还有坐车的时候，我也会非常谨慎地想，尽量缩短坐轿车的时间，我好像就是这么一个只在奇特的模范市民准则线上活动的人。但是我也知道，这些自己的……简单来说，自己的房子，房子是人最基本的愿望了吧，对我来说这些愿望反而很难有动力去实现。您的话，之前看到有谁提到您在京都搭了一座草堂（笑），您在现实中，这也正是今天对谈的主题，到底过着怎样的生活，我很感兴趣。也就是说，您属于哪个类型呢，是为了家人的幸福忙活操办呢？还是对这类琐事无甚关心呢？

鹤　见　我差不多三十八岁才结婚。十五岁就离开了家，很长一段时间内都是辗转各地，寄宿在别人家。对此我已经习以为常。一个大学教授……一开始是副教授，就算那时候我有了体面的工作，也只能租个两三张榻榻米那么大的房间，手头几乎没什么钱可花。其实我住在我爸那里的时候也是这样，总穿着破破烂烂的和服。去年我才有自己的房子呢。岁数大了，我要是没了，我那口子估计日子也不好过，想到这些还是买了房。至于我自己呢，哎，心里还是不想回到大学去。虽然回去也没什么大不了，但关键在于，我总不能在一个随时叫来武警把你抓走的地方教书吧，去个不会动不动就叫武警的大学上班还差不多。所以有这个可能性，凑巧的是我爱人正好在一个没叫来过武警的大学工作。于是呢，我就不当教授了，而是当“教授夫人”（笑）。可这么一来我就得做很多教授夫人不得不做的劳动。洗碗，上市场买菜。我们住在山里嘛，走路就得走上许久。对身体不错。虽然程度很轻微，但这也算是一种体力劳动，所以我现在的生活就是这个水平，今后也想好好过下去。

回顾以往的生活，十五岁离开家之后的日子是最悠闲的。当了职业作家就变得不稳定了，书也不能从大学图书馆里借了。但归根到底，我的愿望本来就是到了大动乱中不随意肌非动不可的最后关头，即使牺牲自己的一切也在所不惜。那这个让我行动的条件到底是什么呢，简而言之，为了某些原因，美国跳了出来，指使日本自卫队出动的话，我就该行动了。面临这种事态，我想行动起来，尽我的全力。

谷　川　不惜抛妻弃子……

鹤　见　嗯，不惜一切代价。

谷　川　这么说来，您参加运动并不是为了保护妻儿。

鹤　见　这是我活着的证明，换言之，是我体内的蛋白质要求我这么做的。

谷　川　所有这一切中，妻子儿女并不包含在内。

鹤　见　也就是说，我觉得这种保护对孩子并没有什么好处。像我爸，如果我要求他保护我，那他出于偏袒心理，一定会把我保护得密不透风。这里面包含的是对孩子的一种恐惧。所以，我个人是从来没想过要为了孩子活久一点。

谷　川　那您似乎跟这种想法也有点儿不一样，类似如果日本要强制征兵的话，为了孩子无论如何也要坚决反对。

鹤　见　战争时期，我本能地更积极地投身于反战运动，最终却没能做到，我至今还留有当年那种屈辱的感觉。我想做点儿什么。所以主要是为了自己，其次还有一小部分是为了孩子。再者我特别喜欢和自己一起工作的年轻人。这一阵我帮了四五个年轻人一点忙，他们经营了一家反战咖啡店，我很喜欢这些年轻人，总是很关心他们。关注他们每一个人的表情。我很享受这种担心别人的感觉。

谷　川　您对山岸会[1]也挺感兴趣的，还实际探访过，对吧？但您最终还是选择走进以一夫一妻制度为基础的家庭，这是源于您并没有加入这类生活共同体的强烈欲望吗？

鹤　见　生活共同体本身是好的，但以现在的山岸会的形式来讲，因为他们是以农业为中心，对像我这样一直在大城市里生活的人，从农业联合体的角度出发，其实是有点棘手的。像我这样的人如果选择加入他们，纯粹是因为意识形态，也就是为了一个正义的理念罢了，即使勉强和他们保持一致，说实话，在使群体保持活力这个层面上起不了什么作用。生活共同体是个很好的东西，我也希望人和人之间的关系是尽可能开放的。我自己迄今为止做过的尝试里面，逃兵援助[2]应该也算一种生活共同体吧。我也记不清当年有多少人参与过了。从来也没聚在一起结算过账目，所以也不知道谁具体做了什么工作。但在实施援助期间，不光是我自己的家庭，参与其中的人大部分都是处于开放家庭的状态。因为要把“异物”接进家里啊。从家庭平时的计划开始全都不一样了。就这样，秉承着生活共同体精神的市民挺身而出。我想，这项运动能持续五年左右，应当归功于社会上原本就有与之相吻合的风气。大家都相信着某种程度上的开放家庭。

1　1953年由山岸巳代藏创建的以农业、畜牧业为基础的乌托邦式生活共同体。

2　指越南战争时期，由小田实、鹤见俊辅等人主导的给予驻日美军基地的美国人逃兵一系列援助的行动，包括在市民家中藏匿逃兵，秘密协助他们离开日本等。

虽然也有令人无比惊讶的事情发生，但大体上我是非常喜欢美国的，正因此我也很讨厌它（笑），形成了这么一种不合理的矛盾状态，当年我去美国读大学的时候寄宿在一户美国家庭。那一家人都是清教徒，1929 年大萧条时期家里赔光了钱。因为股票暴跌，所以他们挤在一间非常小的公寓里，就在那里收留了我，让我寄宿在他们家。他们给了我一间房，饭桌旁边，算不上正经的床，有个组装式的吊床吧，他家大儿子就睡在那上面。后来他考上了哈佛大学，从军方负责日本事务的课长做到了负责远东事务的局长，最后成了朝鲜停战的谈判代表。三年前去世了。我作为一个寄宿学生住在他们家，但是他们在家里谈的话题不会因为我的存在而改变，就跟平时一样畅所欲言。我对此深有感触。像我在日本的原生家庭就决不会这样。就算在家里收留了几个人，彼此间还是有隔阂的。但他们不一样，一旦以他们的守则接纳了一个人，那么构成家族的基本单位就会随之改变。所以，在收留我的这段时间，家里的话题永远是共通的，这让我很感动。这才是开放的家庭。这种家庭让我十分向往。但现在我们再去思考收留逃兵这件事，日本似乎也多少有了一些开放的风气。要是真能按这个方向发展下去，结果该多让人高兴啊。否则家庭就像是没有窗户的单子[1]，待在里边迟早会被扼死的（笑）。

谷　川　这是我最受不了的地方。说极端点，我就是那种，只要

1　单子，标志存在的结构与实体的单元的哲学术语。

身边待着一个人，注意力就会全被他吸引过去，结果什么都干不成的类型。但您也是这样的，您是在哪儿写到的呢，即使只是看风景，只要身边一个人，就会特别在意……

鹤　见　对对对。

谷　川　但您仍然能做到像是在家里收留逃兵这种事儿，意志力占的比重一定不少吧。

鹤　见　那是三十四五岁的时候吧，就跟吉基尔博士变成海德先生[1]似的，整个体质都变了。

谷　川　这是为什么呢？动机是什么？

鹤　见　一个是体质上的问题，我开始发胖了。以前我特别瘦。

谷　川　真是的，您又开始扯物理性质上的问题（笑）。

鹤　见　另外一条，往思想问题上靠拢一点，因为离开了家……以前有家庭的重担。

谷　川　因为您母亲去世了？

鹤　见　有这个原因，再就是我跟家里断绝关系了。后来我就再没回过家。这对我果然是件好事儿，所以我一下子就胖起来了。还有，我寄宿的家里有个小宝宝，我经常抚摸他。这种日常的接触特别好。以前我和别人之间的身体

1　英国作家史蒂文森小说《化身博士》中的角色，绅士亨利·吉基尔博士喝了自己配制的药剂分裂出邪恶的海德先生人格，“吉基尔与海德”也成为心理学“双重人格”的代名词。

接触仅限于被人硬拉过去，不得不接触，这让我很反感，所以碰一下就马上分开。这可能是儿时的体验，但现在不一样了。

谷 川 您也很擅长自我分析嘛（笑）。我以前还因为这个被岩田宏骂了一通，您的自我剖析可比我高明多了。

关于自我

鹤　见　这本《九十九首讽刺诗》中包含了某种政治思想，这也是它打动我的地方。它是1964年出版的吧，那就是比“越平联”还早。所以我并不是因为把它跟“越平联”联系起来才产生共鸣的。安保斗争[1]之后，市民运动陷入低谷，环境最恶劣的时候，这本书让我感受到还有一种别样的政治思想在蠢蠢欲动。要怎么形容呢……绝不是把自己纯粹化，而是像气泡噗噗冒出水面一样，静静地发酵。这很有政治的味道。一介市民如果有了自己的政治意识，就一定要去参加游行示威，或者一定要给某党投票？我认为没有这么强求的必要。只是带着一颗平常心来观察这个世界，万一人类被逼到毁灭边缘不是很让人困扰吗？如果石油资源枯竭，空气也污染了，这不是很让人头疼吗？如果非要打一场必输无疑的仗，日本人被硬拉进战争里去不是很糟糕吗？美国要对朝鲜半岛扔原子弹，也是日本先遭殃吧？抱着平常心来面对这些事，人自然而然会采取行动。如果要针对细枝末节仔细考量，那就成了政党干事长该做的事，而我们不做具体方案，只是以最原始的感性，沉默地审视世态，这是《九十九

1　反对《日本安保条约》签订的日本大规模示威、反政府及反美运动。这里指的是于1959年发生，次年结束的第一次安保斗争。

首讽刺诗》式的做法。甚至我觉得《鸟羽》也是一种政治思想：不愿被正义摆布。这就是一种政治思想啊。我不想被所谓的“正义”摆布，所以我不搞政治，我想没有这么单纯。

谷　川　那是自然。

鹤　见　把自己摆在一个不愿被“正义”摆布的位置，本身就是一种政治思想，与其说会从这里诞生一些新的东西，不如说即使嘹亮的喇叭声再度响起，天皇的命令再度随着诚惶诚恐的敬语发布下来，我恐怕也不会听从了。这就是政治啊。政治就是从这里起步的。

谷　川　从这里起步，但是，要走到哪里去呢，从刚才开始我就在纠结这个问题（笑）。也就是说，您身上既有非常厌世的一面，又有非常乐观的一面，当然这种摇摆于两者之间的不确定性是您的魅力所在，但我能感受到，这种摇摆不是从一个极端到另一个极端，而是彼此之间有重合的部分。比方说，在乐观的对面有些什么，我也很想一探究竟。是空无一物呢，还是每天都过着一种简单的生活，抗拒那些应当抗拒的，欣喜那些应当欣喜的……我很好奇，对您而言，是不是存在一个只属于您的乌托邦呢？

鹤　见　就像你说的那样，再加上一些报纸电视上的情报，依此规划一张自己的地图，我认为这种生活就足够了。虽然有许多学者的主张看似高瞻远瞩，但回顾历史，有些人迷失了方向，都在犯错。所以我认为，大家依照自己的感觉走下去就好。日本这个国家正走在一条巧妙的衰退之路上，那我想关键就在于如何找到一个自己能够欣然接受这种衰退的度。用自己的生活来打比方的话，就是要明确一个先后顺序，哪些是可以削减的，哪些是可以抛弃的。可能这些事儿都细微得出人意料，比如无论如何都想喝咖啡，无论如何都想赖床。那我就要以一种热情来捍卫这个价值，捍卫赖床的权利，这才是活力之源。而当个人集合成群体，我想自然就会诞生一种不强迫他人、彼此互助的秩序。毫无疑问，如果韩国和日本做不到同工同酬，那么日本就永无安全可言。做不到平等，自然会招人怨恨，更会产生未知的对立。一步步朝着这个目标努力，反复修正不足。至少要下这个决心。只要像这样一点点整理自己的生活，我想人会自己找到该前进的方向的。

谷　川　不过，这是因为您从小就不是贪婪之人呀。您也说，穿着脏兮兮的和服都没关系。

鹤　见　可我想誓死捍卫睡懒觉的权利（笑）。

谷　川　那算不上贪婪。这世上有更贪婪的人。我觉得这种对物质的贪婪，和那些性欲旺盛的人一样，是一种“业报”，也就是，贪婪的人最终却要放弃自己想要的东西。就好比经济从高度增长一下子变成零增长，这种事态很难让人接受吧。听了您刚才说的话，我才恍然大悟，原来我是属于比较贪婪的那一类人。四十岁之后，那方面的欲望到底是减少了，但我的想法还是那种，直到万不得已，才会削减掉生活的一部分。不是说有必须维持住的部分，而是怎么讲呢，我的想法从头到尾都是，因为对富庶的生活有憧憬，为此才不得不动手削减掉某个部分，我也是刚才意识到这一点的。所以，我不能站在不富庶的物质，但却富庶的精神的层面上，很平常地表示，别的东西我都可以不要，但我要捍卫赖床的权利，我不是这种人，而是平时就咬牙硬挺着，实在不行了，才这里省一点儿，那里再缩减一点儿。那反过来想，能自然而然地表示只想保留赖床的权利的这种人，是不是非得对那些什么都想要的人抱有一种同情才行呢？

鹤　见　可是，睡懒觉似乎也是一件大事啊。

谷　川　嗯，也有道理。

鹤　见　你看田中正造[1]，据说在他死前，有个叫新井奥邃的基督教传教士对他谆谆教诲，叫他万万不可睡懒觉。一开始田中正造还拼命反驳。“我为了人民鞠躬尽瘁，睡个懒觉又如何？”他把自己的全部财产都献给了人民嘛。做蓝玉染料买卖赚的钱，都被他用在了人民身上。但新井奥邃说不行。当初我觉得这个男人怎么这么顽固，现在想想，倒也有能理解的地方。田中正造选择在农民的部落中生活，农民的习惯就是早起，如果早上起不来，那田中正造倾其一生想要达成的目的便不过是泡影。虽然他这个例子并不普遍，但据说田中正造真的遵守了这个教诲，直到他去世。他也是个可怜人。

1　田中正造（1841—1913），日本幕末至明治时期的政治家。

谷　川　您曾经引用过梭罗[1]的话，人类既然有余暇，就应该在生活中享受它。要是真能过上这样的生活那自然很理想，但现实中既然有不允许这种生活方式存在的理由，那么我们就很难坦然地去鼓吹这种生活，不是吗？还是说，通过对这种生活的鼓吹，就能打开一些局面吗？我不是很确定。哪些部分属于自私，哪些又属于无私，这个分界线太暧昧了。

鹤　见　不管怎么说，不被强有力的自我所支撑的所谓正义的运动，也就是弗洛伊德说的不被自我支撑的超我[2]，终归要在短时间内简单瓦解。如果没有一个拥有能支撑超我命令的自我，那我想，什么事都是做不成的。假使完全不管自我如何，只借着社会科学的名头一味强化超我，想以此逼迫大众服从的话，一个学生或许还会被卷进这个环境内，等到大学毕业出了社会，这个机制很快就会不起作用了。不建立起自我肯定是不行的。日本是一个以竞争为主的社会，孩子都是为了考试学习，从小学升上初中、高中，从来都没有建立起自我。应试教育培养出来的都是顺从的人。这样的人上了大学，被灌输了学生运动那一套言论，姑且和它保持一致，但进了公司上班，真正的自我觉醒，就会把学生运动时期的超我抛到一边。

1　亨利·戴维·梭罗（Henry David Thoreau，1817—1862），美国作家、诗人、哲学家。代表作有散文集《瓦尔登湖》和《论公民的不服从义务》。

2　弗洛伊德将人格结构分成三个层次：本我、自我、超我。本我是先天的本能、欲望所组成的能量系统，包括各种生理需要；自我位于人格结构的中间层，一方面调节着本我，一方面又受制于超我，遵循现实原则；超我是由社会规范、伦理道德、价值观念内化而来，追求完善的境界。

我想，人的自我变强，自然就会懂得靠自我来抑制自己的欲望。所以从童年开始培养人的自我真的非常重要。自我变强了，人怎么会贪得无厌呢。

谷　川　确实不会贪得无厌。

关于老年

谷　川　前一阵您在文章中提到对老糊涂[1]这件事儿很感兴趣，我还吃了一惊，提这个是不是有点太早了？但我母亲现在就因为动脉硬化有点老糊涂了，而且症状在慢慢恶化，这么一来，就算再不想面对，也不得不考虑很多事情。说到动脉硬化，一开始比较明显的症状就是会忘掉最近做过的事，也就是说，会从忘记刚才说过的话，反反复复说很多遍开始。一旦一个人开始失去记忆，就会渐渐难以感受到她性格的统一性了。可是先不论本人的症状有多严重，她还是一个人啊，就算她会一直说些不得要领的车轱辘话。好像您也介绍过某个人的学说，说人老糊涂分两种，一种是越来越像小孩儿，一种是越来越不像小孩儿，我母亲应该属于越来越像小孩儿那种，她现在变得挺以自我为中心的，很任性。

因为她马上就会忘记，所以每次都得配合她把话圆过去，这对我们来说太痛苦了。最让我为难的是，我渐渐没法看着她的眼睛说话了，总忍不住低下头不看她，或是说话的时候看着别的地方。也就是说，我把她当成正常人，但一和她说话，我就会被搞得精疲力竭，不得

1　实际上是指阿尔茨海默病，但因当时是1976年且本文是对话体，因此表达上可能并未在意严谨性。此处为尊重、还原对话，并未修改。

不做出一些机械性的反应，这是最痛苦的。不能说因为变得像小孩儿，就真的把她当小孩儿看待啊。我还觉得，可能是因为糊涂了，所以我母亲性格最深处、最重要的部分也浮出了水面。我母亲她真的一遍遍翻来覆去地说，比如她会反反复复抱怨我父亲。说不定这才是藏在她性格深处的最重要的东西，还有，她会突然想起来年轻的时候弹过钢琴，说些什么我要是做个钢琴家就好了。我活了四十年，从来没听她提到过，可真是吓了一大跳。虽然我不知道这是她一直藏在心底的欲望，还是因为老糊涂了才偶然冒出来的怪念头，但我会有一种恐惧感，会不会正因为老糊涂了，有些东西才会变得明显起来？我有时候会想，像这样人的性格在某个层面上四分五裂，反而会让最真实的性格暴露出来。您怎么看呢？

鹤　见　这对你的诗来说难道不是一个新的挑战吗？多广大的一个领域呀。

谷　川　我也觉得是这样。但我现在已经没有精力去把它跟诗联系在一起，一天一天的生活中，我和我老婆就像个傻瓜，只顾得上重复这样做不行，那样做也不行，再试验一下这样做可不可以，那样做可不可以。

鹤　见　你这不是康定斯基[1]那种杂乱无章的世界嘛。性情就像脱缰的野马……

1　康定斯基（Wassily Kandinsky，1866—1944），画家，出生于俄罗斯，抽象派绘画的先驱者之一。

谷　川　确实脱缰了。这真的让我很恐惧。我老婆变得忍不住去想自己变成这样的时候该怎么办，我相对来说还比较乐观。老糊涂了，自己不就什么都不明白了嘛，还管什么添不添麻烦，儿女受不受罪的，我说的这话很不负责任。

鹤　见　这正是人类思想中最深刻的问题之一。近代人是不会把这个问题直接摆到自己面前的。而古代人却看透了这一点。这很有意思。而巫士唐望的教诲[1]中，把老糊涂这个问题放在前面，他就像是一个活在现代的古人。总而言之，打这一场必定会输的仗，这是人类的光荣，所以要鼓足勇气地步入老年。世阿弥[2]的《花传书》不也是如此吗？衰老过程中闪耀的光辉。

谷　川　这么说来确实是这样。

鹤　见　有这样一种价值观：即使青年时期花团锦簇，美不胜收，但步入老年之后的修炼更有价值。这与唐望的体会很相似，正是所谓古人的智慧，却在近代消亡了。我们要把它找回来。在日本，古代和中世都有它的存在，一直持续到江户时代。即使到了明治时期仍有余晖。让小泉八云[3]深受感动的，正是这种价值观。因为他在近代英美找不到的东西，却在日本找到了。他不是很佩服自己妻子的母亲嘛，稻垣家的那位老太太。这种对老年的豁达认识到了大正、昭和时期，就渐渐变淡了。

1　美国人类学家卡洛斯·卡斯塔尼达在 1968 年撰写的文化人类学著作，记录了 1960 年至 1965 年间墨西哥的印第安巫士唐望的言行，现在一般被认为是虚构作品。

2　世阿弥（约 1363—约 1443），日本室町时代初期的能乐演员、能乐作者。

3　小泉八云（1850—1904），日本随笔作家、小说家、英国文学研究家，爱尔兰裔日本人。

谷　川　虽然我母亲糊涂了并不是什么好事儿，但能让我的孩子们和这样的老人一起生活，能让他们看到老人的样子，只这一点肯定有益处，我一点都不怀疑。只是记得有谁说过，人是可以选择变得像孩子或是不像孩子的，是谁来着……

鹤　见　山内得立[1]？

谷　川　哦哦，对。特别有意思。所以，现在我和我老婆最大的话题就是，人到底能不能选择自己老糊涂的方式。我朋友家的老爷爷，活了九十多岁去世了，总之只要每天给他一壶烫好的烧酒，他就一点点儿喝，每天都笑眯眯的，仿佛世间纷纷扰扰都和自己没关系了，他是这么一种糊涂法。我还和我老婆说，要是咱妈也这样该多好。一开始我觉得，像这种机械性的、脑细胞的哪个部分遭到破坏，自己是没法选择的，但最近我的想法变了，如果在自己老糊涂之前，有意识地，并且是下意识地去养成自己的性格的话，老糊涂的方式是不是也能得到改变呢？当然这里面肯定有些命运左右的成分，那才是所谓不随意肌作用的范围，但即使我们人类不能完全控制，至少可以在一定范围内选择老糊涂的方式吧？我是这样想的。

鹤　见　学术上这是个未知领域，所以在实证的角度，我们还没有搞清楚。但我觉得，作为一种文化的惯例，它是存在的。

1　山内得立（1890—1982），哲学家。代表作有《存在论史》（角川书店出版，1949年）、《实存与所有》（岩波书店出版，1953年）等。（原注）

文化上的强制力在其中发挥着很大的作用。如果不是这样的话，过去的人会老糊涂得更快。但这样一来对于共同体却是致命的。因此，从未开化的远古再到整个古代社会，老人严格遵循惯例衰老死去的努力，难道不曾是文明的中心所在吗？虽然不能确定具体时日，但它也在某个时期充当过文化的基础吧？在此之前，人的社会和猴子的社会一样，只要老了就成了废物，但就像是石器时代的茶汤，它肯定是存在过的。茶汤绝不是凭空出现的，而是经过数个年代的修炼积累，才会逐渐形成茶汤、能乐这些精致的文化。所以我们如果在看能乐、茶汤的时候，也能看到作为它们前身的石器时代的文化该多有趣啊，而且文化是靠大家一起携手创造的。我们得把这些东西弥补回来才行啊。如果这种惯例能以一种文化强制力的姿态发挥作用，那我想人是可以从小时候起就对自己的老年时期做出努力的。

谷　川　原来如此。

鹤　见　也有这种可能性啦，比如出了车祸，大脑某个部位受到创伤之后，人变得特别自私，想吃的时候就会大吃特吃，不管会不会吃坏肚子，但除掉这种特殊情况，应该是能维持住的吧？也就是，老了之后每天就吃一碗饭，类似这样的习惯，应该是能培养起来的。

谷　川　现在，关于我母亲最困难的一点是，她的个性，可以这么讲吧，就是人是为了什么活着的，也就是活着的价值。要为她做些什么才能维持住她的自我，这是最难的。她老糊涂了，没法完成日常的家务了，那我就帮她做，要是这么单纯就简单了。这只是单纯按照劳动力来换算，但现实是她虽然完全失去了工作能力，却极度讨厌自己的工作被别人抢走。这果然就是常年作为当家主妇，照看了我父亲一辈子的，属于她的特质吧。所以家务已经跟她的自尊心息息相关，就相当于她本身了。一旦儿子儿媳要伸手帮忙，那对她来说，可能就相当于自我彻底化为乌有。她表达抗拒的方式非常激烈，还伴随着强烈的不安和恐惧。所以说，不管一个人老糊涂到什么程度，都决不能失去自己的立足之地，我算是彻底认识到这点了。原本以为人老糊涂了，个性会消失，结果反而会更尖锐地凸显出来。

鹤　见　会逐渐无法对自己的行动负责。如果把劳动范围凝缩在一个非常小的范围内，自己追求的理想或许就能实现。就相当于把美学基准调得非常小，就像盆栽那么大的一块儿地方，把这个小领域固守到底。即使终究会一败涂地，关键是看能不能坚持守护到最后一刻吧。盆栽也是个有趣的玩意儿。以前觉得无聊的那些东西现在都变得有意思起来了（笑）。哎，这种追求不仅是美学上的，也是伦理上的，还有可能只是虚荣罢了。

谷　川　对对，就是这样。

鹤　见　我以前尝试过那个持续睡眠（疗法），即使久坐之后根本站不起来了，也非得拿着尿桶走去厕所不可。我还记得，像这样举着尿桶，就跟捧着玉玺似的。但是呢，去了厕所却尿不出来，只好拿着空荡荡的尿桶穿过走廊回来，可太屈辱了。我就想，原来我身上留到最后一刻的东西是虚荣心哪。人是会这样啊。

谷　川　是啊。

鹤　见　意识都快没有了，人还有虚荣心。那我难道不应该为了保住这份虚荣心而努力吗？即使到头来还是以它的溃败为结束。老人身边了解他的人必须得伸出援手，维护这一小块儿能够守住虚荣心的领域才行啊。这跟小孩子的发育很类似吧。

谷　川　没错啊。

鹤　见　一两岁的时候，你要是不管，小孩自己怎么能负得起责任呢，会被压垮的。

关于教育

谷　川　就像我们最后能给她的，也就是玩具罢了，我现在是这样想的。总而言之，即使不是现实中有效的事物，但对她而言，不是发育的阶段，而是退化的阶段中必需的东西。在我们看来，可能不过是一种游戏。但对他们而言则是非常认真的生命行为，在这点上老人和孩子很相似。不过，我母亲跟您母亲不一样，她做人不是那么始终如一的，所以我有点难开口，但我深受她的影响。我是独生子嘛，所以跟母亲的关系格外紧密。而且我父亲只对自己的工作着迷，对我这个儿子兴趣缺乏。可能他也会觉得儿子惹人怜爱，但从没把我当成能平等对话的人，我要怎么和这种人相处呢？我心里是把他归为日本知识分子的一个类型，就是那种完全没法跟卖豆腐的闲聊的人。

鹤　见　有意思。

谷　川　总之，我简直不知道要和他说什么。就拿现在讲吧，我母亲的姐姐因为心肌梗死住院了。然后我爸就觉得不去看看人家不好。姨母住在一个六人病房中，如果是我去的话，就会跟隔壁陪床的人聊聊天，总之会做点儿什么有的没的吧。但我父亲去探病呢，他可好，问候姨母一句“怎么样了？”之后就坐在那儿啥也不干，看上杂志了。跟旁边陪护的人啊，别的患者啊，都像没关系似的，从头到尾光顾着看杂志（笑）。他也不是故意在那儿拿腔拿调，他这人就是不会处事儿，不会跟人聊天。因为不知道说什么，所以我小时候他也不搭理我。直到我开始写诗，我和父亲都没有谈过什么像样的东西。所以我愈发黏着我母亲，她是同志社大学毕业的，爱给我灌输一些特别基督教的、要我说就是很伪善的东西。当然里面也有一些积极有益的东西，比如我最近才发觉，我不是出过一本这样的书嘛。我准备几个问题然后请朋友来回答……

鹤　见　嗯，我读了。

谷　川　有一个问题是："你最容易犯下的罪孽是什么？"如果必须让我自己回答的话，我一定会毫不犹豫地写上"傲慢"这个答案。这是因为上小学的时候，被母亲狠狠批评过，印象太深刻了。我是独生子，生长的环境也相对优渥，就比较自大。有一段时间我特别爱混在大人堆里，装作自己很成熟的样子，有一回我妈就狠狠地把我教训了一通。我也因为别的事儿惹过我妈生气，但这一件事是我永远也忘不掉的。从那之后，我就变得特别害怕自己会骄傲自大。总之，我开始拼命压下内心的傲慢情绪。真是奇怪，我越是压抑，傲慢越在我心头阴魂不散，现在我跟人相处时偶尔会表现得过度谦卑，其实还是源于内心深处被死死压下去的傲慢。所以一被问到"罪孽是什么"，我下意识就会回答"傲慢"，这是唯一的答案。还有一条，我妈对于我爸没有保护好她这一点，似乎深感怨愤，自然也对我输出了不少情绪。因此我对夫妇其中一方背叛另一方的行为抱有一种出奇的恐惧感。现在连我老婆都和我说，你这种想法太顽固了一点儿都不好。我母亲对我的影响真的很深。

鹤　见　不过你讲的那个，谷川彻三在医院看杂志的事儿，真的怪有意思的。谷川教授门下有一个叫福田定良[1]的副教授，那我可算知道“福田哲学”是从哪儿诞生的了。

谷　川　我想也是。这跟我的成长也有很大的关系。我对我父亲的这些特点都持否定态度嘛。

鹤　见　那就是对文学史和哲学史两方面都有很大影响了啊。

谷　川　当然影响很大啊，至少对我来说影响很大。福田先生我就不太清楚了。当时在我父亲门下出入的还有一位古谷纲武[2]先生。他有段时间和我父亲也是处于对立关系。所以我想是不是也有我父亲性格方面的影响。我父亲文章写得非常好，风格特别平易近人，不用那些晦涩的专业术语，每个人都能看懂。所以从文章上看，他跟您似乎并没有太大分别，但作为同样学习哲学的人来看，他跟您就大不一样了。

鹤　见　福田定良和我应当前进的方向是一致的，但能感受到他远远走在我前面。福田定良认为，和鱼贩子交谈就是他

1　福田定良（1917—2002），哲学家。代表作有《民众与演艺》（岩波书店出版，1953年）、《工作的哲学》（平凡社出版，1978年）等。（原注）

2　古谷纲武（1908—1984），文艺批评家。代表作有《通往幸福的道路》（三笠书房出版，1949年）、《人生笔记：为了青年时期的思索》（大和书房出版，1965年）等。（原注）

的哲学。我也是这么认为的。即使我拼尽全力追赶他的脚步，他也会把我甩开，一边喊着："我已经跟你不一样，不一样了！"一边逃得远远的（笑）。我跟他的关系就像是在演狂言，冲着对方大喊："你可跑不掉啦！"[1]在福田定良眼里，哲学教授那就应该是谷川彻三、林达夫[2]这些人物。虽然在他们门下学习，也非常尊敬他们，但自己和老师们不一样，自己是个跟鱼贩子聊天的假哲学家——他是以这种方式来逃避的。

谷　川　提到艺术，那我父亲是个彻头彻尾的一流主义。您说的那种"极限艺术"，他至少从思想上就不会去接近。虽然是一流主义，但很信赖自己的眼光，即使是民间工艺也以公平的眼光看待，这么来说民间工艺其实也成了一流艺术吧。

鹤　见　他写过志贺直哉论吧。我之前很喜欢读。我真的看了不少谷川彻三的书。

谷　川　我跟父亲住在同一个屋檐下，无意识间肯定受到他非常大的影响。我从小，应该是到了青春期吧，就清楚地认识到这一点了，影响最大的就是最基本的价值判断，品位好还是品位差。我小时候真的认为它是绝对不变的。而且不光是穿着上的问题，而是覆盖了生活的方方面面。估计那时候我们就在家庭内部做了很多这种品位好坏的

1　狂言是日本传统表演艺术的一种，是以对话台词为主的滑稽剧。"你可跑不掉啦！"是狂言中抓到犯人时必说的一句台词。

2　林达夫（1896—1984），日本思想家、批评家。

判断。

鹤　见　哎呀你看，这里写了呢，福田定良好像也去谷川家听过课。

谷　川　但福田先生吧，我总感觉他对我也在刻意保持距离。我刚开始写诗的时候，除了文学性的诗歌，还想试着写些歌词、广播剧之类的东西。当然也是因为我需要钱，所以那时候就跟福田定良先生有了些来往。他当时还会时不时到我家找我父亲，我正好在写香颂的歌词嘛，想着他会不会感兴趣呢，就去找他问了问。但他的反应就淡淡的，像是要避开我一样（笑）。到底是为什么呢？

鹤　见　我也很好奇。

关于性

谷　川　我有一个问题不知道该不该问，您是不是提过，自己对性的话题有些过于敏感。我对这个有点感兴趣。

鹤　见　确实是这样，从两三岁的时候开始吧。两三岁以前的事我没有印象了，所以不太清楚。跟意识的觉醒几乎是同一时刻。因为被我妈非常严重地压抑着嘛，所以那时我的认识就是，活着是一种罪。因此，现在我最根本的哲学理念就是，有洁癖的人是无法得到幸福的。洁癖这个东西，除了个人卫生上最低限度的，我都要把它从我心里排除出去。

谷　川　您这么在意它，这意味着您从小就生活在一个异常讲究干净的环境里，对吗？

鹤　见　没错。所以我吃饭之前都尽可能不洗手。

谷　川　您母亲的影响竟然这么大。太惊人了。所以您也一直觉得性罪大恶极？

鹤　见　是啊。对我来说，小学那时候可真是地狱啊。去学校坐在教室里，我脑子里也净是那档子事儿，没有一刻不在想。学能上好就怪了，根本不行，全是倒数第几名。

谷　川　这也是您母亲过度压抑您的结果？

鹤　见　不，性早熟应该是我本人的天赋，我妈只是特别洁癖，拼命压制我的性欲，反而导致它愈演愈烈吧。要是那时候我妈能轻描淡写地对我说一句，你就自己随便吧，我的境遇也会有所不同吧。

谷　川　要是那样的话，您得长成什么样的人啊。说不定能上《11PM》[1]（笑）。

鹤　见　阿部定事件[2]当时对我冲击很大。她算是我人生中影响力最大的人物之一。连康德和黑格尔都比不上（笑）。当时我为此苦恼了多久啊。

谷　川　那您从这种苦恼中解放出来，变得自由，是在去了美国之后？

鹤　见　十五岁的时候去了美国，凡事只要自己花钱，就能做到。从那之后我就有了很强的责任感。准确来说，从十五岁开始，整整十三年，我都没和女人发生过关系。一次都没有。在海军服役的时候，驻扎在占领地的时候，全都没有。等到战后，某一时刻我突然醒觉，原来已经是第十三年了…… 十三这个数字会带来厄运。这是从基督教那儿继承来的迷信。十三这个年头不好，怪别扭的。我心里的基督教也就剩下这点儿东西了。

1　1965 年至 1990 年间播出的由日本电视台和读卖电视台共同制作的深夜电视节目，内容颇富情色意味，也讨论严肃的社会问题。

2　指 1936 年鳗鱼料理店女服务员阿部定在京都的茶室将情人绞杀，并切除其生殖器的事件。

谷　川　普通人都是从十五岁开始跟女性有接触，而您是到十五岁为止，从那以后完全没有男女交往，这很非同寻常啊。

鹤　见　在海军那会儿真挺难办的。所以别人问我为什么，我就借口说是有结核病，找个理由逃避罢了。但那时候海军里在传一张“童男排行榜”，我发现别人都在那儿偷偷乐，一看，原来我的名字高高挂在最上面呢（笑）。也就是说在别人眼里，我就是只童子鸡。

谷　川　是吧，您这个十五岁呀。我大概是初二、初三那会儿吧，特别讨厌上学，就到了那个特别讨厌别人指手画脚的年龄段。数学我学得不好，直接交白卷，最后发展到不想上学了。我父亲不是会坐下来当面好好跟你讲应该去上学的那种人，而且之前我们的关系很疏远，也创造不出来这么一个谈话的机会。所以他就通过我母亲，委婉地转达让我去上学的意思，我母亲夹在中间，成了我们爷俩的缓冲地带，吃了不少苦头。我自己很明白，如果那时候父母真的给我施加压力，我应该会做出不少出格的事。

鹤　见　那么，这就是你人生的分水岭了。

谷　川　的确是分水岭。我爸他吧，有知识分子的弱点，硬不下心肠。我可能就是钻了这个空子，糊弄过去脱了身。

鹤　见　我曾经在大半夜十二点骑车带着一个演少女歌剧[1]的姑

1　一种由少女等年轻女子演出的以音乐、表演、舞蹈为中心的日本特有的舞台艺术，诞生于大正至昭和初期。

娘回家。当时感觉我妈恨不得狠狠扇我一巴掌，她那种冲动太直接了。

谷　川　您的这种体验没有转化成私小说，而是转化成了哲学，这是您的独特之处。

鹤　见　谬赞了。

关于酒醉

谷　川　鹤见先生您是滴酒不沾来着?

鹤　见　滴酒不沾。

谷　川　您跟喝醉的人相处过吗?

鹤　见　那是经常啊。

谷　川　觉得怎样?应付醉鬼的时候。

鹤　见　我平时就像是醉醺醺的，所以挺合得来啊。跟平时的我很像。

谷　川　一点儿都不觉得痛苦?

鹤　见　没感觉没感觉。

谷　川　原来您是跟着一起嗨。真好。我的话，朋友喝醉了倒不觉得有什么，但是老婆喝醉可太难熬了。我现在最大的课题之一就是怎么克服这种状况（笑）。跟我刚才说的母亲的老糊涂的状况有点儿像，也就是说，人喝醉了之后，我必须得考虑，这个人表现出了多少真正的性格。举个例子，我努力和喝醉的老婆正常对话，但到了第二天她就忘了。这不禁让人怀疑，我昨天那么认真地陪她说话到底有没有意义。她喝醉的时候，很明显会对我说的话做出一些跟平时完全不同的反应。如果这是清醒的时候被压抑的、趁着醉酒才能表现出来的她真正的想法，那我必须把它重视起来才行；可第二天她却和我说什么都不记得了，那我昨晚是不是应该随便应付一下得了?

我的心情就夹在这两者之间，快被扯碎了。我可太难办了。您有没有什么好主意（笑）？

鹤　见　你不跟她一起喝？

谷　川　一起倒是一起，但我喝不了多少。起码我不会醉到她那个程度，我们俩的酒量明显对不上。您夫人平时喝酒吗？

鹤　见　喝的，比我能喝。我家孩子也能喝，我就是这么训练的。孩子的酒量最大（笑）。

谷　川　太厉害了。

鹤　见　不过话说回来，谷川彻三身体真不错。他做过癌症手术吧？在希腊还是哪儿。

谷　川　胃开过两次刀，喉咙开过一次。他喝那个高丽参，还做广播体操，很努力的。

鹤　见　他可是个美男子。当代数一数二的。

谷　川　就是因为有您这么夸的人，他才这么得意呀（笑）！俗话说，人过四十就要对自己的脸负责，可我觉得脸不是人的全部。

鹤　见　我在精神病院住院的时候，成天胡思乱想，脸上长了不少乱七八糟的东西。我爸是个美男子，我爷爷也是美男子，我怎么就长成这样呢？

谷　川　这可太有意思了（笑）。

鹤　见　我也知道，自己在意的都是些有的没的，很无聊。但脸上就是乱长疙瘩。我果然从小就特别纠结这个（笑）。

（1976 年 2 月 6 日）

野上弥生子（Nogami Yaeko）

1885 年出生于大分县。小说家。毕业于明治女子学校。经夏目漱石介绍发表处女作《缘》后，自明治至昭和末年近八十年间笔耕不辍。著作有《新生命》《海神丸》《真知子》《山姥》《迷路》《秀吉与利休》，翻译有查尔斯·兰姆的《莎士比亚故事集》。1985 年逝世。

未来一切变化都有可能发生。
诗人真正的使命不正在于此吗?

过去的故事，如今的故事

对话者
野上弥生子

初登于《海》1981 年 1 月号。同时收录于单行本《我体内的孩子》，青土社，1981 年出版。

不写作的时候，我在做什么

谷　川　您是什么时候从北轻井泽回来的呀？

野　上　这个月 9 号。以前会待到 11 月 20 号之后，今年提前了十天左右。

谷　川　在北轻井泽那边，您是怎么安排一天的工作的？

野　上　我吃饭跟一般人不太一样。只有晚上才吃点正经的东西。早上先咕咚咕咚喝一碗抹茶，这样上午的两三个小时里大脑特别灵活，自己就跟无所不能似的。觉得有点儿累了，一看表已经过了十一点。保姆中午会过来，这样我就能洗澡了，洗完澡就上床躺着，努力一下能睡到五点左右。也就是因为自己一个人住在山里，才能一直保持属于自己的生活节奏吧。

谷　川　这么多年里，阿姨一边要抚养三个孩子，一边要做自己的工作，到了九十五岁还继续写作，这中间工作没有中断过吗？

野　上　没有呀。不写作的时候，我会学学外语，多读书，了解那些自己不知道的事情。

谷　川　素一[1]先生、茂吉郎先生和耀三先生还小的时候，您也给他们换过尿布、喂过奶吧？

野　上　是呀，我经常做这些的。我从没抛下孩子不管过，应该说我是跟孩子一起成长的。比如说，素一上大学的时候，我也开始学德语，但我那时候正好开始写新东西了嘛，所以很快就追不上他的水平了。

谷　川　小孩子围着您转，也不影响您工作？

野　上　不影响的。他们去上学，我就直接钻进书房了嘛。我是什么时候才有了自己的书房呢？英国的女作家弗吉尼亚·伍尔夫说，女人想拥有一间自己的书房绝非易事，我们那时候也是一样的。每次看到那些女作家、女学者们的照片，她们的书房收拾得整整齐齐，我都觉得跟她们生活的不是一个世界。

谷　川　我听说，叔叔反而特别愿意看到您醉心于工作的样子……

野　上　是啊，他是挺高兴来着——给她本书让她看，就不用给她外出的零花钱，也不会跟奇怪的朋友到处乱逛，又放心又健全不是嘛（笑）。所以现在想想，我父亲挺会培养女儿的。

谷　川　您和叔叔是自由恋爱结婚吗？

1　野上素一（1910—2001），意大利文学研究家，野上丰一郎与弥生子夫妇的长子。著作有《但丁：灿烂的一生》（新潮选书出版，1974年）等。（原注）

野　上　嗯，算是吧。我现在写的这本《森林》最后也略微提到了一点儿。以后就再也不打算提这件事了。

谷　川　（结婚）那时候您就开始写作了吗？

野　上　是啊，我喜欢写，也喜欢读。但是暑假待在北轻井泽的时候，因为法政大学的很多事情都必须通过我爱人才能执行，所以家里客人总是很多，没法写作。那我就做翻译。翻译兰姆的《莎士比亚故事集》就是暑假的工作。

谷　川　拿流行的说法讲，您是个飞翔的女人呢。现在的年轻女孩会考虑是结婚，还是找工作独立生活，阿姨结婚的时候，面临过这种不得不二选一的状况吗？

野　上　还真没有。我的父亲也是我的老师嘛。上学的时候，他就让我读这读那的。还有，我在明治女子学校接受了非常自由开放的教育，这对我的人生有着决定性的影响。那时我借宿在叔叔家走读，但遇到了很多状况，我就想去住学校的宿舍。我拜托了父亲很多次，但到最后他也没同意。因为学校的学风本身就很自由，宿舍也随之成为一个特殊的组织。而且从普通人的角度考量，从乡下的老家住到学校的宿舍还是有诸多不便之处，年轻女孩儿孤零零地实在太可怜了，可能就是因为有这种奇怪的担心，才不让我住校的吧。

谷　川　从那时起您就决心从事文学事业了吗？

野　上　不，那时候没有文学这个概念，就是学习。什么都是学习。做完作业，下午就跟大家一起读书，称不上树立了什么文学志向。

谷　川　学习和写作不冲突，对吧。也就是说，您当年也没有觉得，写作不是什么正经事儿了……

野　上　当然没有啊。那是鸥外[1]先生娶第二个太太的时候吧，在观潮楼[2]附近，就从根津权现[3]后身的小路走上去，在那儿住着一位叫菊池的日本筝师傅，我放学之后会到她那儿去学琴。那位师傅一提到一叶[4]女士，就很亲切地叫她小夏、小夏，时常念叨着“我们小夏出息了”。那会儿一叶女士应该刚刚去世没多久……菊池师傅是旗本[5]家庭出身，小夏家则是在她家做工的，也就是在师傅眼里，“一叶”这个笔名是跟“小夏”这个身份不同的。但我并不想成为第二个小夏。

谷　川　那，您是什么时候才有把一生都献给写作这种想法的呢？

野　上　哎呀，其实我就没产生过这种想法。在夏目老师那一群人的影响下，不知不觉就开始写作了。

谷　川　您跟夏目老师是因为什么开始来往的？

1　森鸥外（1862—1922），日本小说家、翻译家、评论家、军医。

2　森鸥外故居，位于东京都文京区，现为文京区立森鸥外纪念馆。

3　根津地区祭祀的素戋呜尊（日本神话中的男神）。

4　樋口一叶（1872—1896），日本小说家、歌人，原名夏子。

5　一般指江户时代俸禄在一万石以下、五百石以上的直属将军的武士，有拜谒将军的资格。

野　上　现在想来，事情的发展其实特别水到渠成。我爱人[1]大学读的是英文系，夏目老师从英国学成归来，在一高[2]登上讲台初次任教，从那时起我爱人就是他的学生。夏目老师在杂志《杜鹃》上发表了处女作，正式走上文学道路，靠《我是猫》一跃成为文学界的第一人，他以前教过的学生就成了文学家的弟子，每周都来参加老师在家里举办的“木曜（周四）会”，我经常听我爱人描述当时大家讨论的情况。抱着一种“别人行我也行”的心态，我也有样学样，开始试着写东西。

不可思议的是，我真正意义上的第一部作品和老师最后一部作品的题目一模一样，都叫《明暗》。老师不仅阅读了我的《明暗》，还给我写了非常热情的回信，甚至是老师留下的大量长信中最长的一封。如果没有老师这一封亲切的回信，我可能不会继续走我的文学道路，一旦有人劝我放弃，说不定我就照办了。

1　野上丰一郎（1883—1950），日本英国文学研究家、能乐研究家。

2　旧制第一高等学校，简称“一高”，是日本最早设立的公立旧制高等学校，现为东京大学教养学部的一部分。

给星星起名的自由

谷　川　在山里住了一段时间再回东京，是不是发现身边有很多变化呢？

野　上　在北轻井泽住了半年，回到东京，发现跟半年前不一样的事情有很多。政治、经济，都发生了很大的转变。还有能源问题。现在最让我吃惊的，要数旅行者1号[1]已经接近土星了。虽然以前就知道土星有土星环，但还是第一次发现，环由数重线条构成，如此美丽，甚至还有多达十三颗卫星环绕着它运行。当年苏联的宇航员第一次从太空看到地球，他说："地球是蓝色的。"我被这一极具魅力的描述深深打动，多美的语言啊！现在探索器已经飞近土星，半年前的我做梦都不敢想，真是太惊人了。

与此同时，从阿波罗号起，人们总是把最经典的古希腊神话中神的名字，赋予科学最前沿的发现，最古老的神话，最现代的发现，形成一种令人叹为观止的对比。欧洲的语言从希腊语到拉丁语，再发展到法语、西班牙语、葡萄牙语，有它清晰的脉络，但我们却不知道日语是如何发展的。

1　1977年发射的美国宇航局研制的无人外太阳系空间探测器。

谷　川　天文学，以及与之息息相关的现代物理学，很明显，它们先在西欧发达国家发展起来，最终成为现代世界文明的主流。在过去，拉美地区也有灿烂的天文学研究，中国亦是如此，但它们和西欧文明的天文学相比，想必存在一些差异，西方人不仅限于观测，而是一直抱着一种要做出机器、实际探索太空的愿望。我想，以前他们给太阳系的星球都赋予了古希腊神话中诸神的名字，是不是也跟他们的这种愿望有关系呢？你看，到头来星星要么叫玛尔斯（火星），要么叫朱庇特（木星），都是古希腊神话中的名字嘛[1]，所以现在形成了一种惯例，星星就应该起一个古希腊神话里的名字，其实怎么给星星起名都是自由的嘛。很遗憾，看来我们还无法摆脱古希腊以来西欧先进文明的影响。

野　上　是啊。日本不仅跟宇宙探索还有很大一段距离，连我们拥有的语言，它的来路——有人认为它跟北方的阿尔泰语、蒙古语很接近，在印度的沿海地区、琉球，还有黑潮沿线的各个岛屿上都有类似的语言，但又有很大的不同。古希腊语，拉丁语的文字、语言支配着整个欧洲地区，日语是远远做不到这一点的。

谷　川　是啊。现在，西欧文明面临着一个转换点，举例来说，美国已经开始着手削减太空探索计划的预算。现在已不是当年那个短暂的、必须倾尽全力探索宇宙的时代了，人类必须先解决地球上的各种问题，并且人们也开始怀

1　玛尔斯和朱庇特实际上是罗马神话中的神祇。

疑，向太空发射火箭的这种超大型工程是否真的能给人类带来幸福。更多的人开始思考，是否存在更符合人类需求的技术，比如核能，核电不仅风险大，并且在经济上也不划算——这么主张的人也越来越多了吧？虽然人类是第一次看见土星环如此清晰的照片，但说实话，我们小时候已经看过它的想象图了。虽说迄今为止，我们并不能确定土星环是由什么构成的，却能在几十年前我们还小的时候，就想象出它的大概，这多有意思啊。

野　上　**小俊的第一本诗集，题目是《二十亿光年的孤独》，这种表达前所未有呢。**

谷　川　前一阵儿我还跟人开玩笑，说我要是今年十九岁，出了《二十亿光年的孤独》这本诗集，肯定会大卖（笑）。现在流行的“宇宙（kosmos）”这个词，我年轻的时候还真没少用。所以可以这么说嘛，科学虽然光辉灿烂，但科学究竟能做到哪些事，人类从很久以前就预测到了。

野　上　**嗯。只不过预测归预测，超出预测的发现，还是要等到当下才能完成吧？**

谷　川　关于美国和苏联的宇宙计划，当然也有不同的看法，有人觉得应当先解决地球上的问题，还有人觉得宇宙计划不过是军备竞赛的一部分。这些不同的看法某种意义上也大大推动了苏联和美国太空技术的发展，但我想，探索宇宙的原动力始终是人类的好奇心，从古至今都没变过。

野　上　**是啊。军事上的利用确实让人心生畏惧，但如果认真考**

虑地球的未来，谁都无法断言，今后我们也能像现在一样安逸度日。想想地球的起源吧，珠穆朗玛峰一开始也并不是世界最高峰，而是经过变化才有了现在的样子，深海也是一样。未来一切变化都有可能发生。人口的增加，粮食问题、资源问题、石油问题，这些都是活生生的例子。说不定过上几十亿年、几百亿年，我们人类会抛下地球，集体移民到某个类似的星球上，那时已经没有民族的分别，地球人都是一体的。我们很难去考虑，现在人类做的事，是不是已经在为这样的未来做准备。这么可怕的未来，不是这样自然最好，但就可能性而言，恐怕多么惊世骇俗的想象都有可能实现。

谷　川　所以说，宇宙开发某种意义上就是宇宙殖民，我们不能加以否定。

野　上　说不定人类到头来还得靠外星人养呢。

谷　川　可不是，如果别的智慧生物真的存在。总而言之，人类是不惜向宇宙索求更多的资源、更好的居住环境，继续扩张下去，还是应当在地球有限的条件下，找到自己成长的界限，把自身维持在一个数量级以内，达到一种平衡，我想这是文明的基本问题。

普罗米修斯与雷神

野　上　为人类取得火种的普罗米修斯，恐怕就是日本神话中的雷神。无可否认，开始用火，是人类进步的最重要的原因，人类或许是从天体的变化或是火山爆发才第一次知道火的存在，并且通过利用它，催生了众多缤纷的文明。

谷　川　不过我想，首先要面对的疑问是，不论人类是以什么形式第一次获得火种，为什么其他动物都对火充满畏惧，只有人类不怕它，还能利用它呢？这个问题恐怕没有答案，但我模糊的直觉给我一种预感，是不是因为人类在用火之前已经有了语言呢？什么才是人与动物最大的区别？有人认为关键在于人类能用火；有人认为关键在于人类能够直立行走，能把两条前肢当作手臂自由使用，并用手发明了工具；而我们作家认为，人类拥有语言，才是把人和野兽区分开的最关键所在。

我们虽然不清楚，语言究竟是如何被人类驾驭的，但从结果上看，人类拥有了语言之后，才开始把世界看作一个有秩序的存在，并由此开拓了一条能够克服人类自身的恐怖与不安的道路。

野　上　这还是要归功于大自然的教诲吧？人类观察身边的事物，或是发出单纯的喊叫，或是呻吟，或是叹息落泪，一开始，这些都不过是无意识下的突然反应，但在不断地重复中，它们被赋予了不同的意义：美，丑，恐怖，冷，热，逐渐归纳为被后世称作“语言”的形态。所以，不同地域之所以会形成不同的语言，是因为长时间在同一条件下生活的人们只需要相同的语言。因此南边的人，北边的人，西边的人，他们生活的环境不同，语言自然也不一样，地理越是复杂的地方，语言的规则越不清晰，甚至呈现混乱的态势。据说，在印度洋诸岛上生活的人们，平时几乎都是裸体状态，所以他们关于裸体的表达特别多。

谷　川　像日本这种多雨的地方，就会有很多描述雨的词语。比如“五月雨（梅雨）”，还有“时雨（秋冬之交的阵雨）”。我想，恐怕那些住在沙漠地带的游牧民族就没有这么丰富的关于雨的词语吧？相反，以肉食为主的民族，就会有很多词语去描述动物的状态或是不同的身体部位。日语里没有跟它们对应的词。我翻译《鹅妈妈童谣》的时候吃了不少苦头，他们连鸟儿的雌雄都是用不同的单词描述的！由于这些风土、地理条件的不同，语言的确发展出了种种不同的侧面，但奇妙的是，人类的婴儿，不管是什么民族，属于什么文化圈，似乎都做好了学习任何其他文化、其他语言的准备！就算是日本小孩儿，只要待在英文环境里，他就会说英语，反过来也是如此。人类在肤色、发色还有遗传性质上有这么多的不同，却在学习语言的机制上全球统一，这也太有趣了吧。

人类起源于何处，这当然还是个谜，但我们是不是可以这样认为：人类通过获得语言使自己摆脱了自然的束缚，甚至离自然越来越远，语言在使人成为人的同时，也意味着一种不幸。

野　上　我有个认识的日本太太在纽约的妇产医院生孩子，她和我说，医院的人跟她讲，从刚生下来的小宝宝的呱呱声就能分辨出民族的差异。初生婴儿哇哇大哭，这是一种单纯的科学现象，说不定是分娩这一行为中包含的属于整个民族的能量，在彰显自己的独一无二吧。

谷　川　在我看来，婴孩呱呱坠地的哭声，恰恰就是人类获得语言那一瞬的呼喊。当人还在子宫中幸福地打盹，他还保持着与动物无二致的自然状态，自我意识还没有独立出来，一旦他冲入地球的空气中，便会因不安和害怕而叫喊出声。

野　上　如果说日本人来自南方，那我想他们应该不是穿过九州的山岳地带，而是沿着海岸线漂流来的。他们撑起木筏，顺着黑潮，被波涛不由分说地推动，从琉球一路漂流到日向[1]。我出生在大分县的臼杵，柳田国男他们围绕一颗椰子展开的种种思考[2]，也是我幼年真切的体验。日向的海跟濑户内海比起来凶暴得多，变化十分激烈，被日向的海涛席卷，遭难的海船便不得不流向濑户内海。无论是火器经由种子岛传入日本，还是在沙勿略[3]登陆之前

1　日本古代的令制国之一，大约相当于现在的宫崎县。

2　柳田国男（1875—1962），日本民俗学家。他曾同诗人岛崎藤村（1872—1943）讲述了一颗椰子漂到伊良湖畔恋路之浜的故事，后者以此为题材创作了诗歌《椰子》，第一句就是："从不知名的远方海岛，漂来椰子一个。"

3　方济各·沙勿略（Francis Xavier，1506—1552），西班牙籍天主教传教士。曾于1549年将天主教首次传入日本。

就踏上日本国土的那两个葡萄牙人——经臼杵海登陆，再算上威廉·亚当斯（三浦按针）[1]的船漂流到日本，他们走的都是从日向滩到臼杵海湾的这条路。从别府[2]和四国岛中间穿过去，就到了濑户内海，这就跟回到自己家的温泉池子没什么差别了，但来路肯定还是要经过日向滩对面的黑潮。

谷　川　大野晋[3]先生他们也研究了很多日语的起源。我想,传播路径肯定不止一条吧。

野　上　白鸟（库吉）[4]先生主导的研究中，说是能溯源到北边，中国的内蒙古自治区、朝鲜也有痕迹。

谷　川　这种原有的大和语言，虽然在今天的日语中仍有残留，但日语受汉语的影响极大,毕竟文字都是直接借来的嘛。从借来的汉字中，诞生了平假名、片假名。不过，我们的祖先倒没有保留汉语的发音，而是把日本独有的发音安在汉字上了呢。

野　上　这件事给日本文化造成了很大的影响。文字和发音分开，这例子可不多见。汉学家藤堂（明保）[5]教授给我讲过这

1　威廉·亚当斯（William Adams，1564—1620），英国航海家，1600 年漂流到日本，被德川家康聘为外交顾问，成为第一位英国出身的日本武士，获家康赐日本名“三浦按针”。

2　位于九州东北部，属大分县。

3　大野晋（1919—2008），日本国语（日语）学家，文学博士。

4　白鸟库吉（1865—1942），历史学家。代表作有《西域史研究》（岩波书店出版，1941 年）等。（原注）

5　藤堂明保（1915—1985），日本汉学家。

么一件事儿。藤堂教授在本乡[1]学汉文的时候，那个年代汉文课主要讲“四书五经”，学不到什么新东西，藤堂教授很失望，就自费去北京留学。他在中国待了十年，自认这才真正学到了汉语这门语言。据他说，作为文字记号被引入日本的汉语，和它原本的发音甚至意义都有很大不同。比如陶渊明的“采菊东篱下，悠然见南山”中“悠然”一词，日本人把它解释成“悠悠闲闲”的意思，但在中国，它还意味着“忧愁”。除此之外，还有许许多多不一样的地方。

谷　川　我到现在都还觉得汉字属于外语呢。创作一些给孩子看的诗和绘本的时候，我会尽量用平假名来写。我想，用平假名书写的日语，才是扎根在我们日本人内心和身体深处的，我们最熟悉、最适应的语言。“二战”后，尤其是美国文化大量涌入日本，外来语越来越多，人们开始讨论，真的可以对外来语的入侵听之任之吗？可我觉得，从很久以前起，日语就是一种不断被外来语入侵的语言，没有这种“入侵”，日语谈不上进步。举例来说，明治时期，大量制度、机器和文物从荷兰、英国、德国涌入日本，甚至包括思想、概念，而日本人如何能够接纳这些涌入的新东西呢？那是因为我们有汉字，如果只靠原有的大和语言，日本人恐怕难以把自身改造至如今的层次。人们不是常说嘛，日本文化的特质，就是在其他文化和语言的影响下不断发生改变。

1　指东京帝国大学（现在的东京大学）本乡校区。藤堂明保曾就读于此。

野　上　不过啊，你说，就好比“哲学”这个词，日本人其实理解得没有那么透彻吧？

谷　川　是啊，应该是不懂的。

野　上　还有那些哲学术语，比如“Sollen（当为）[1]”，小俊你懂吗？

谷　川　完全不明白。

野　上　但是呢，现在日本用的这些科学词汇正在流往中国。关于经济问题的、政治的，偶尔还有科学方面的，中国人会去读日本出版的论文。所以，明治初期我们日本人觉得那些德语翻译过来的汉字词特别难啃，现在中国也出现了同样的现象。

谷　川　特别是现在交通、通信手段这么发达，无论哪个国家都不可能独善其身，必须和其他国家交流。不过法国人似乎信奉文化中心主义，他们对维护法语的纯粹性显得非常神经质。

野　上　在法国人眼里，德语那是乡巴佬语言。

谷　川　据说他们在学院里禁止说美式英语呢，可是法语在数世纪前也被认为是一种野蛮的语言。经过法国人精心地打磨，法语才变成了如今严谨正确的语言，形成了法语思维，就能以非常正确的方式思考大事小情。日本人似乎就没有追求过这种语言上的准确性。

1　德语词。指道德的责任、义务。

像马可尼家的小姐那样

野　上　追溯法语发展的轨迹，从古希腊到古罗马，再传入法国，这是毋庸置疑的，随后它又越过比利牛斯山脉走向西班牙，最终抵达葡萄牙，这条脉络俨然有序，即使因地域不同存在一些差异和变化，但大致的骨骼非常清晰。所以，有时我看电视上的西班牙语讲座，会觉得仿佛在听法语或意大利语，还会不时灵光一闪，推断出某句话的意思来。日语和其他语言却很难形成这种亲密的关系。在涉及人的动作举止方面，比如说电视上会这么演吧，两个人分别许久，突破重重阻碍，几十年后终于再会了，这时候特别是女性，会立刻扑到对方怀里哇哇大哭，对吧？无论怎么看，这个场景都太现代了。以前，日本的普通女性是绝不会当着别人面拥抱哭泣的。

谷　川　即使不是武士阶级的闺秀，也这么矜持吗？

野　上　那当然了，所有的女性都是一样的。当着外人的面，男女两人拉手揽肩，或喜或悲，这是绝不可能的。战败后，太多闻所未闻的词语蜂拥而入，人的语言和行为举止也发生了同样的变化。所以说呢，像刚才说的那种人与人接触的形式，就像语言会越来越美一样，将来也会渐渐变得更洗练的。现在正好属于过渡阶段。

谷　川　您以前说过，在您小的时候，吃饭的时候绝对不能边吃边说话，特别没规矩。

野　上　是啊。

谷　川　可现在呢，如果被一个美国家庭邀请一起吃饭，饭桌上不聊两句才是没礼貌呢。

野　上　对，那可太失礼了。

谷　川　这也就不到一百年吧，变化这么大……

野　上　哪里“不到一百年”，也就三十年而已。以前人们都不在餐桌上吃饭。那时候叫“箱膳”，每人一份，盒子里面放上餐具，把盖子一盖，上面摆上饭菜，就能当吃饭的小桌用。什么时候才用桌子吃饭呢？那都是我从高级小学毕业之后很久的事儿了。现在连乡下用的都是椅子、餐桌了吧？

谷　川　家具换成椅子、桌子，出入也换成西式的门，自然而然地，身体的形态会随之改变，举止也会有所不同。市川昆导演曾经在电影中特意起用法国演员。法国演员到底什么地方演得好呢？导演说，他穿过走廊，打开房门，走进房间，这一连串的动作演得特别好。其实这是市川导演的黑色幽默，意思就是其他部分演得都很糟糕，但也从侧面证明，在西式的房屋内，穿过西式的走廊，握住西式的门把手，推开西式的房门——这一连串动作，日本人还是不习惯的。

野　上　说得对极了。

谷　川　其实就连椅子，我们都有不适应的地方。但是我们已经不穿和服了，也几乎不懂在榻榻米上的规矩。

野　上　真正让我感受到语言改变的，还要数“爱”这个词的泛滥。无论是日常用语还是歌词里面都经常出现。为什么我会思考这个问题呢，是因为我在女校接受了基督教教育，“爱”这个词唯一会出现的地方，就是“神爱世人”这句话，它只有宗教上的意义。日本小说里，到底是谁，在什么时候第一次用了“爱”这个词来着？

谷　川　记得一开始英语的 love 还是翻译成“珍惜”呢。好像从明治初年（1868）就有人用过“恋爱”这个词了，但第一个用“爱”的是谁，我也不知道。

野　上　还有一点我很担心，现在的年轻人说话的时候，不管是发声的方法还是语音语调，总爱把尾音往上挑。可能是因为我跟能乐的老师，还有与那些接受过一定声音方面的训练的人接触得比较多，所以我对声调的高低很敏感，跟平常人的感觉不太一样。我想这也属于战争带来的一种混乱的延续。日语最重要的就是语调。语调与语义直接相关。听现在的年轻人说话，他们总是把我们降调的地方说成升调。

前一阵我刚从山里回来的时候，在服务区喝茶，看见一个男的站在配餐柜前面高声说话，他说了什么，我竟然一句都没听懂。好像是饭菜又贵又不好吃，他在因为这个生气，但他的语气跟我们平时听惯的一点儿都不一样，我还以为他要和人打起来了，吓了一大跳。小俊你说呢，你觉得这是自然的变化，还是什么特殊形态？

谷　川　我好歹算是语言方面的专家，对各种语言现象，比起做价值判断，我先感到的是好奇。比如说，现在的年轻女孩儿会拖长句尾的发音，特意用甜甜的声调说话，我虽然谈不上喜欢，却也觉得有趣，说话方式本身也是在展现她们的个性嘛。

野　上　你是因为觉得语言的变化不可避免，所以才用好玩儿的心态面对吧。

谷　川　是的。虽然人们难以简单解释语言发生变化的必然性，但这种变化一定和日本社会的动向息息相关。

野　上　没错。我很清楚，我在所谓“现代语调”上感受到的不协调，其实这属于战后的一种社会现象，在这个时代是无可避免的。但是还有一点，歌手的动作和发声，在这两者之间我感受不到那种和谐的统一。我觉得很假。

发明了无线电话的意大利的那位马可尼[1]，我曾经去他女儿就读的学校参观过。当时小姑娘才十二三岁吧，背挺得直直的，她迎接我的时候，发声特别悦耳，举止也相当优雅。她的语气非常自然，一举一动都轻盈得像在跳舞，仿佛由衷地欢迎我的到来。那样的发声非得配上那样的举止不可，同样，那样的举止也非得配上那样的发声不可，我深切地感受到，两者之间已经形成了一

1　古列尔莫·马可尼（1874—1937），意大利工程师，专门从事无线电报设备的研制和改进，1909年获诺贝尔物理学奖。

种必然关系。这种必然性里面有种民族的味道。很有意思，在我们的印象中，意大利人的手势不是特别夸张吗，据说那不勒斯那儿表现得最为明显——据说，一个那不勒斯男人若是在下雨天碰到了另一个男人，两个人聊起天来，手里拿着的伞简直成了麻烦，干脆把伞递给对方，自己先手舞足蹈表达一番；等到该回答了，就把对方递给自己的伞和自己的伞再塞给人家，继续聊个痛快。

话说回来，现在日本的歌手可以自己解决唱的问题，但动作都是靠别人设计的吧？

谷　川　有专门的编舞老师负责的。所以这些舞蹈动作并不是人自然而然的流露，而是人工设计的产物。况且说日语的人也几乎不打手势吧。

野　上　确实呀。

谷　川　从日语的特征上看，打手势反而是不礼貌的行为。但战后美国人、意大利人的手势传入了日本，而且现在的歌曲里融入了世界各地的音乐习惯，即使歌词是日语，旋律和节奏也离传统的日本音乐很远了，所以配合一些舞蹈动作反而显得自然。

野　上　对。但像马可尼家的小姐那样，连外国人都能感受到她们言行举止的优雅，我想日本人现在还做不到那么完美吧。

谷　川　想让表情动作跟语言彼此调和，达到一种稳定的形态，我想起码要花上几百年。

野　上　确实要花上几百年啊。

是传统还是混乱

谷 川 也许过不了多久，日本的传统文化就会和其他的文化全部混合到一起，形成全新的、极富科幻色彩的姿态。

野 上 的确有这种可能性，但有没有可能先发展到一种大致上统一的形态，再次崩坏呢？你怎么想？

谷 川 我想不会吧。比如服装的变化，穿的衣服不同了，人的身体也会受到相当大的影响。日本式的礼仪建立在和服悠久的传统上，居住的样式则一直受到榻榻米、被褥、隔扇这些传统家具及用品的拘束。现在日本的建筑形态已经是一片混沌了吧。

野 上 是啊。

谷 川 所以现在这样的状况，我可没法想象能从这里面诞生出什么统一的样式来。

野 上 但要如你所说，岂不是要一直混乱下去？

谷 川 我不认为这是混乱啊。

野 上 而是新的形态？

谷 川 没错。所谓“混乱”这种视点，应当源自日本传统文化尚能保持一定统一性的年代，而我们虽然也对那个年代有所耳闻，但在我们成长的年代里，身边的文化已是无根野草，与其说是混乱，不如说这就是我们面前赤裸裸的现实。这不光是礼节规矩这些体现在行为举止上的问题，而是整个日本文化的问题。所以，我们唯有接受这种混乱。即便文化难免有其混乱的一面，但如果把现在的文化视作一种混乱，我们就会陷入一个怪圈，无时无刻不在质问：与混乱相对的正统何在？那我们就不得不再回到过去，寻找所谓的“正统文化”了，我不想再这样高高在上地考虑问题了。阿姨觉得现在的文化状态是混乱的吗？

野　上　因为现在还是没有整理清楚的状态，所以人们不得不用“混乱”这个词来形容。觉得“混乱”这个词太绝对的话，那要描述当下的状态，我想应该这样说：一切事物都交杂在一起，原有的事物已经失去，新的形态尚未稳定。

谷　川　新的形态，将来真的能够稳定下来吗？我要打个问号。

野　上　诗人真正的使命不正在于此吗？

谷　川　光靠诗人是做不到的。诗人有两面。像三好达治先生，他把自己和日本传统诗歌联系在一起，始终致力于用美丽的、正确的日语进行创作；与之相对的是萩原朔太郎，他破坏了迄今为止的日语秩序，创造了一种新的日语，其激烈程度导致有一些作品甚至被禁止出版。

野　上　朔太郎的《竹子》这首诗里有“看”这个动词，他故意不写成一般用的“见”，而是写成不常用的“视”。他处理语言的方式非常独特，“见”不足以表达，对他来说非得是“视”不可。那么,“见”和“视”有什么不同呢?我想朔太郎自己也无法解释清楚。你的诗里也把吃的粉条（日语为“春雨”）故意写作“春之雨”。不写成“春之雨”就不能收场。“不能收场”，有这个说法吧？即使是同一个人，同一件事，当时的气氛，或者说感情、情感的爆发都会造成影响。这就是诗比普通的文章更难的地方。

谷　川　想要追求语言的极致，肯定不会只满足于教科书上的那些“标准答案”。

野　上　那是当然呀。

谷　川　也就是说，即使日语存在某种规范，未来的发展方向也一定是破坏它，非得破坏掉不可。

野　上　是的，一点也没错。要么破坏，要么改变。

谷　川　对我们作家而言，破坏和创造是一体的。我说光靠诗人做不到，是因为即便诗人努力修复语言的准确性，但仅仅拘泥于保守的表达，也无法抓住年轻人的心。然而，一味追求新潮，又会和传统割裂。

野　上　我觉得你不应该把一些努力划分为保守。保守也是会改变的。西田（几多郎）[1]先生的哲学以“突如其来”为基础，但田边（元）[2]老师的哲学就有根本上的不同。所谓瞬间，

1　西田几多郎（1870—1945），日本哲学家，京都学派的创始者。

2　田边元（1885—1962），日本哲学家，与西田几多郎同为京都学派代表性的思想家。

现在的一瞬会进入前一瞬，未来的一瞬又会被现在的一瞬牵连，它们彼此相关，形成一个旋涡，推动事物发展。所以瞬间并不是按照一、二、三、四这个顺序依次移动的，事物的进步中，过去、现在与未来始终呈旋涡状，紧紧纠缠在一起，在这个意义上，真正的传统主义就意味着真正的进步主义。住在北轻井泽的时候，长达十年的时间里，我一直自己去听田边老师的课[1]。他教学精湛，在京都的时候就非常有名，和辻（哲郎）[2]先生曾严肃地对我说："你能享受田边教授的私人教学，这也太让人羡慕了！我也想去听课。"隐居在山中，这奇妙的教学不仅成了我珍贵的人生经历，同时我想，老师也要对我表示感谢。他对自己的哲学有一种难以抑制的表达欲望，所以退休后，他没法再站在讲台上讲课了，而我当了十年他唯一的学生，这对老师来说也是一件偶然的幸运吧。

谷　川　阿姨您觉得现在的日语呈现混乱状态，虽然和您观点不同，但我也有对现在的日语状态不满的地方。不是年轻人说话的方式、语音语调的问题，而是政治家在国会的发言，还有那些照搬西欧理论的学者，他们写日语、说日语的方式，才真正给日语造成了不好的影响。他们的语言总是高高飘在半空，故意说谎，还不觉得自己在骗人，使用一些夸大的修辞，连那些自己都没能理解的东西，他们也要强行用语言描述，这么一来，语言跟现实

1　1945 年，田边元从京都大学退休后，晚年几乎都在北轻井泽隐居。

2　和辻哲郎（1889—1960），日本哲学家、伦理学家、文化史家。

的距离就更远了。语言明明已经泛滥成灾，语言真正意味着的现实却并不存在。好比“民主主义”这个词，用的人不同，表达的意义也不一样，这让我痛感语言的堕落。

野　上　你觉得这意味着语言的堕落？

谷　川　当然意味着堕落啊！说得更干脆一点儿，将来说不定会有更多像是科幻小说里的那种词汇出现，或者就像今天这样，信息量庞大到难以计数，语言都飘浮在半空中，一点儿都不脚踏实地，虽然这样的语言也能在一定程度上改变人的认识，什么美丽的日语，正确的日语，我们不能只看语言的外形呀，得关注每一个人，关注他的灵魂是如何跟语言建立联系的。

野　上　这话说得倒是没错。

谷　川　尽可能使用简明正确的日语，这个基本方针绝对不能动摇。虽说现在已经摇摇欲坠了。

野　上　可是，即使说话的人认为自己讲的是最正确、最简明易懂的语言，但如果听话的人跟自己的理解程度有差异，他们还是会听不懂啊？

谷　川　也有您说的这种可能，但我认为至少应该付出努力，尽可能地让语言更加简洁。为什么您的作品读起来如此令人安心呢？那是因为您的语言里没有一处乱搞噱头，夸大其词。支撑着您的作品的，是真正简洁明了的描写。当下这样的作品实在是太少了。

野　上　可我从未对自己的作品感到满意。

谷　川　这正是多年以来我最佩服您的地方。

野　上　总会有不满的。前一秒明明还咬紧牙关，憋着一股劲儿非要写出完美的语句不可，下一秒却又开始怀疑自己，后悔是不是用别的写法比较好。小俊你写诗的时候也会这么想吧？

谷　川　是啊，跟阿姨一模一样。诗我可以写得短一点儿，在某一点上集中精力，然后干脆利落地收尾，一首短诗就写好了，但长篇小说想必不能这么搞。

野　上　别无他法。

最有意思的是从今天开始

谷　川　还有一条，您叙述的节奏自始至终都是淡淡的，这让人读起来备感舒适。我不知道您一天能创作几页，但支撑您这种叙述节奏的，应该是阿姨的日常生活吧？在您看来，您的创作风格会随着时代变迁发生相应的改变吗？

野　上　我没有刻意处理过，但应该是在不断改变的。我对自己写的东西完全没有留恋。作家不是经常把自己的作品视作亲生孩子一样疼爱嘛。中勘助[1]就表现得特别明显，但我不这么想，没有留恋，没有遗憾。所以我也不爱看别人对我的作品品头论足，有什么好感谢的？夸也好，骂也罢，对我来说都无所谓。我已经在作品中倾注了我那一刻全部的心魂，让我改动作品那是万万不能的。

谷　川　是不是您也不怎么在意读者？

野　上　对啊，我在意有什么用呢，又不会多卖几本……

谷　川　咱们先不考虑能不能畅销，作为生活在同一时代的人，您刚才说，恢复语言原本和谐的状态是诗人的使命，那么对于作家在社会中的职责，您又是怎么看的呢？

野　上　我觉得取决于每个人的资质。你这个问题让我想起来了，

1　中勘助（1885—1965），日本小说家、诗人、散文家。

一般来说，夏目先生的那些弟子，其实都有各自的交际圈子。像寺田（寅彦）[1]先生、松根东洋城[2]先生，他们有从松山、熊本时代就认识的熟人；还有铃木（三重吉）[3]先生、森田（草平）[4]先生、小宫（丰隆）[5]先生——我爱人也算在里面吧——他们是另一个圈子；除此之外还有“赤门（东京大学）”那一圈儿、创办《新思潮》杂志的菊池（宽）[6]先生、芥川（龙之介）[7]先生、久米（正雄）[8]先生、松冈（让）[9]先生这些人，他们都是夏目漱石的弟子。说实话，在这里面真正被大众认可的，也就是菊池先生和芥川先生吧。菊池先生的《忠直卿行状记》和《父归》都很有名，而且我听说，他还给《每日新闻》写稿，一张稿纸收几百日元稿费，大家都吓了一大跳，那时候哪儿有作家自己谈妥稿费，坚持每天连载的呀！作者亲自敲定稿费，写作成了交易。当时菊池宽豪言壮语道：工作是工作，文学是文学，样样都能做得好。那大家就肯定要见识一下他是不是真的两边都不耽误。从那以后，菊池的工作重心渐渐转向了通俗小说，只有芥川还在坚持纯文学创作——所以他成就经典，这

---

1 寺田寅彦（1878—1935），日本物理学家、散文家、俳人。在熊本第五高等学校就读时与在此任教的夏目漱石相识。

2 松根东洋城（1878—1964），日本俳人，原名丰次郎。曾于夏目漱石在爱媛县寻常中学（现松山东高等学校）任教时向其学习英语。

3 铃木三重吉（1882—1936），日本小说家、儿童文学家。日本儿童文化运动之父。

4 森田草平（1881—1949），日本作家、翻译家。

5 小宫丰隆（1884—1966），日本德国文学研究家，文艺、话剧批评家。

6 菊池宽（1888—1948），日本小说家、剧作家、记者。

7 芥川龙之介（1892—1927），日本小说家。

8 久米正雄（1891—1952），日本小说家、剧作家、俳人。

9 松冈让（1891—1969），日本小说家。

里正好是个分歧点。

谷　川　这几年您一直在写《森林》这本半自传性质的小说，能问一下创作它的原动力是什么吗?

野　上　拿现在的眼光看，我年轻时的生活比较不寻常吧。虽然没有什么大的成就，但作为自身存在的印迹，我想它值得被记录下来。既然要写，就不能只写自己，得把身边的所有事都写下来才行。

谷　川　打算写到哪个时代呢?

野　上　一本自传，最有意思的当然是从今以后的部分啦。我也在成长，会渐渐看清这个世界大致的形状，我最熟悉这几个人,(伊藤)野枝[1]、平冢(雷鸟)[2]女士,还有(中条)百合子[3]。写她们，就相当于写了整个日本女性史，所以如果精力允许，我想把她们都写出来。德国有个画家叫屈格尔根,他的自传《一个老人的幼年追忆》非常有意思，完全是依照史实写的。所以我不想停留在创作一部文学作品的层面上，也想模仿他的写法，写出有趣的自传来。

(1980年11月13日、17日)

1　伊藤野枝（1895—1923），日本妇女解放运动家、无政府主义者、评论家、作家。
2　平冢雷鸟（1886—1971），日本思想家、评论家、作家、女权主义者。
3　宫本百合子（1899—1951），日本小说家、评论家，旧姓中条。

谷川贤作（Tanikawa Kensaku）

1960 年生于东京都。师从佐藤允彦学习爵士钢琴。以演唱现代诗的乐队“DiVa”成员及与口琴演奏家续木力的组合“palhaço（小丑）”成员等身份进行活动。曾负责给电影《四十七名刺客》《野鸟之岛》配乐，并为 NHK 的大型纪录片《那一刻历史的车轮转动》创作了主题曲。著作有《致钢琴》等。

即使要在诗中提及“家族”，
脑中浮现的也大多不是自己的家人。
写诗的恐怕都是如此。

现在，描绘家族的肖像

对话者
谷川贤作

初登于《Obra》2004 年 8 月号。

“诗是虚构。”

谷川俊太郎经常这么说。

“我即使要在诗中提及‘家族’，脑中浮现的也大多不是自己的家人。写诗的恐怕都是如此。”

提到诗歌朗诵与钢琴演奏相结合的新作品《家族的肖像》，谷川的想法依旧未变。

共同进行创作的是身为音乐家的儿子，谷川贤作。

父子两人的谈话就从“家族”的话题开始。

我搞语言，你搞音乐

俊太郎 提到“家族”，我首先想到的是美国所谓“朴素绘画（naive painting）”中的家族肖像画，是那些无名的业余画家用原始的画法创作的家族肖像画。还有一个印象，就是西部电影里出现的拓荒者。这些是我描绘“家族”这一概念的原型。比起生活在大都市里的家族，我更喜欢在荒野中孤独求生的家族。

所以，虽然我以前也写过很多关于家族的诗，但和自己家族的印象相去甚远。当然这可能是我无意识间把刚才提到的当成了基础。

贤　作 这我完全能理解。这回 CD 中《家族的肖像》这首曲子，我作曲的时候就想做成一个每一代人都能理解的、具有普遍性的东西。它确实存在嘛，与世上所有的“家族”都共通的母体一样的东西。不管家人之间的关系是多么生疏冷漠，我相信，不管你是二十几岁、五十几岁还是七十几岁，只要你是孩子的父母，是爸爸妈妈的孩子，彼此之间都有共通的爱和感情。

俊太郎 说到血缘关系，我最近开始觉得，你写的曲子和我有共通的感性。虽然我驱使语言，而你是做音乐的，我们使用的媒介完全不一样，但就像我们一起演出的时候，不是会在诗朗诵之后插入音乐嘛，那个时候一点儿都没有不协调的感觉。音乐和朗诵同时进行的时候也一样，事先不用商量，音乐就会在预想的时机响起。我想这多少要归功于我们血脉相连吧。

诗和音乐，两者之间有共通的东西，虽然无法用语言表达。它既是我的感性，也是你的感性。根源可能是同一个，我是这么想的。比如你选我的诗来配乐的时候，看你的选法，我会觉得：“选得真好呀！”

贤　作 那跟父子没有关系，而是职业诗人和职业音乐人的碰撞。我非常认同你的诗，每一首都直击内心。但像这一次，把朗诵和音乐结合成一个作品的时候，如何制定创作上的战略，就属于我的领域。大量地读诗，不合适的就淘汰掉，乐曲之间也会加上一些效果音。说得夸张一点，我倾注了身为职业音乐人的全部本领。更进一步讲，我想让那些从没读过诗的人也感受到一些东西，目标受众是所有人。为此我当然要发挥“谷川俊太郎”的全部优点。

现在还有人喊我“谷川俊太郎的儿子”呢，那我不如干脆把这种社会上摆脱不掉的固定观念利用起来。

俊太郎　你要这么说，当年我也是被人用“彻三的儿子”这么一路叫过来的啊。

贤　作　所以嘛，我经常把我们的关系比作迈尔士·戴维斯和特奥·马斯罗[1]，也就是伟大的创作者和准确的设计师。这个定位对我来说是最舒服的，谷川俊太郎的诗只有我才能处理得这么好，里面还有这样一种自负。

俊太郎　那是当然呀。

贤　作　做出了好作品，当然想让更多的人听到嘛。现在这个时代，大家都觉得东西卖不出去就行不通。《家族的肖像》是面向全国家庭制作的，为了让它成为《家庭医学》[2]这种一家一本的畅销作品，我得努力呀。

俊太郎　我就不懂你这种使命感。

贤　作　你这个“迈尔士”当然不懂啦，迈尔士是表演者，只要在自己的领域里吹出最棒的小号就行了（笑）。不过，如果制作过程中你也一起提意见，恐怕局面就难以收拾了。

1　迈尔士·戴维斯（1926—1991），美国爵士乐演奏家、小号手、作曲家；特奥·马斯罗（1925—2008），美国爵士乐萨克斯手、作曲家、音乐制作人。后者曾为前者制作多张音乐专辑。

2　《家庭医学》，由保健同人社出版的家庭用医学书，俗称“赤本”，最早出版于1948年。

俊太郎　是啊，由我来做的话，那就变成别的东西了。

贤　作　没错没错。

俊太郎　所以我才这么相信你，把工作都交给你来做嘛。

贤　作　这次的作品中，针对诗具体来谈的话，《爸爸的自夸》（1968）和《父亲》（1988）这两首对男人有点儿太纵容了。与此相对的是《不高兴的妻子》（2003）却严格得很哪，应该放进去一首把男人毫不留情地抛弃掉的诗（笑）。

俊太郎　没办法啊，作者是男人（笑）。哎，你仔细找找，也有对男人很严格的诗。不过主题是“家族”嘛，总要提到父亲呀，祖父呀，还有儿子的职责。

贤　作　这样能行吗……最后朗诵的《家族的肖像》（1960），这首诗就充分描绘了你刚才说的拓荒者家族的形象。还有两首新写的诗。《现在》和《祖母》。《现在》放在作品的开头部分，从木管四重奏曲《家族的肖像》到诗歌《现在》，这个衔接做得非常顺利。

俊太郎　当时我想在《现在》里写一写，跟迄今为止创作的“家族诗”不一样的东西。第一次听那首木管的曲子的时候我就很喜欢，估计是趁曲子还在我体内回响的时候动的笔，才写出了那样的语句吧。但我也不是下意识这么做的，最后的感想就是：“嗯，写得还算挺不错的。”

贤　作　那我作为“特奥·马斯罗”可得炫耀一番了，这个衔接里可是包含了《家族的肖像》的全部啊！

父亲·彻三，父亲·俊太郎

贤　作　我记得小时候，爷爷经常两手抱着我，蹭我的脸蛋，当着朋友的面还是有点不好意思。

俊太郎　你爷爷也蹭过我的脸，但我从懂事起就把父亲当成“反面教材”了。不想成为他那种人。归根结底，他是个知识分子，知识分子难道不是一种观念上的存在吗？也就是说他一点儿家务都不做，全都推给我妈，等到我妈上了岁数糊涂了，他就一筹莫展，什么都不会做了。我从小就看着所谓的知识分子是有多“不顶用”，所以一点儿都不想成为他那种人。而且我也很讨厌他的威权主义。嘴上说着无所谓，评上日本艺术院会员的时候却高兴得很，还喜欢参加那些上流社会的实业家聚会。我看着他，就在想，这么聪明的人怎么反倒做这种事？到头来还是个没见过世面的乡下人吧？在这一点上，母亲要比他文雅得多。所以他这个人出门就是西装三件套，在家则穿和服，却对我穿牛仔裤指手画脚，真让人来气。

贤　作　哈哈哈。

俊太郎　他还特别爱带我下馆子，我自己吃饭的话去 Denny's[1] 就

1　发祥于美国的连锁餐馆。

能打发了嘛。不过啊，仔细想想，我和你爷爷还是挺像的。

贤　作　具体是哪些地方呢？

俊太郎　比如说，对艺术作品的嗜好就很相似。你爷爷觉得越老的东西越有品位，我也差不多。最像的还要属“父子关系”啦。

贤　作　哈哈，这是指和我的距离感？

俊太郎　没错。跟儿子滚在一块儿摔跤啦，一起喝酒谈天啦，这些我们都做不来。

贤　作　倒是玩过几回投接棒球。

俊太郎　对。但棒球是你带着我去的呀（笑）。你上初中的时候，让我带你去看夜场比赛，我也是头一回去，当时还想：“夜场比赛真不错啊！”所以我和你之间缩短距离的方法，到头来还是跟我和你爷爷缩短距离的方法差不多。对我父亲，就算当时我特别生气，但时间久了，现在就会觉得他那时也是没办法，算是一步一步理解他吧。这一点上，我果然和他一样。不过也有可能，这种相似不是来自血缘，而是因为我们都属于同一种人。会不会是写东西的人都这样……你爷爷年轻的时候也写过不少诗。

贤　作　我小的时候，觉得跟朋友讲我爸是诗人挺丢脸的，跟老师也是，所以装作什么都不知道，说：“家父是文字工作者。”可能是因为这几年开始跟你一起工作了，才不觉得不愿意了吧。

俊太郎　是这样吗？那也就是最近几年的事儿呢。

贤　作　哎呀，因为我已经没法把大名鼎鼎的“谷川俊太郎”看作自己的父亲嘛。我会觉得“了不起”呀，不管是和别人相处，还是私生活里。我还挺好奇的，“了不起”的部分一旦走样儿了会怎么样。

俊太郎　再过几年说不定我就老糊涂了的意思？

贤　作　从父亲这个角度讲，从小到大你一直都是最支持我的人。

俊太郎　有的父亲是一定要把儿子培养成自己理想中的人，所以对儿子的支持也特别严格，我不是这个类型。假如我儿子是个同性恋，我也会给他加油的。

但是，我对你和志野（俊太郎的长女）始终有愧，因为我和知子（贤作和志野的母亲）分开，和别的女人结婚了嘛，所以你能在舞台上说出“谷川俊太郎都离了三次婚了”，我反而如释重负。

贤　作　那是段子啦，段子。舞台上抖个包袱，观众才会哄堂大笑嘛（笑）。

俊太郎　没错啊，你把这件事儿当成一个段子讲，这就让我很开心。

贤　作　讲个段子没有什么大不了的。

俊太郎　其实我知道，你就是简单地那么一说。但我说实话还是很在乎子女到底是怎么想的，你能这么无忧无虑地……哎，估计这个“无忧无虑”里也包含了很多敏感的关照，总之你能在舞台上调侃我，我很感谢。

贤　作　俗话说，亲密也要讲分寸嘛（笑）。

（2004 年 5 月 7 日）

《家族的肖像》序诗（Polystar 出版）

现在

很久很久以前，有爸爸在
有妈妈在，有孩子在
在林中，在海边，在山麓
与岩石、野草和风儿一起
与野兽、鱼儿和虫子一起
在地球上，在天空下

现在，妈妈在洗衣服
妹妹在专心看漫画
爸爸还没回家

我的耳朵像爸爸
妹妹的声音像妈妈
爸爸和妈妈一点儿也不像

我看着窗外的黑夜
我们每个人都不一样
但我们是一家人

我们的感情交织在一起
我们的声音彼此呼应
向着各自的明天

谷川贤作（Tanikawa Kensaku）

1960 年生于东京都。师从佐藤允彦学习爵士钢琴。以演唱现代诗的乐队“DiVa”成员及与口琴演奏家续木力的组合“palhaço（小丑）”成员等身份进行活动。曾负责给电影《四十七名刺客》《野鸟之岛》配乐，并为 NHK 的大型纪录片《那一刻历史的车轮转动》创作了主题曲。著作有《致钢琴》等。

这是只有靠对话才能留下的珍贵记录。

不是后记的后记

对话者

谷川贤作

与大人交谈

记　者　《不是后记的后记》，就以俊太郎先生和贤作先生二位的父子对话来为本书画上句号吧。题目就叫“俊贤 2021”。从前面的那篇 2004 年的对谈至今已经过去很久了……

俊太郎　等下。这么说来，这本对谈集收录的岂不全都是很老的内容？我很担心啊，读者会感兴趣吗？这本书能卖出去吗？

记　者　您多虑了，这些是只能以对话的形式保留下来的珍贵的语言记录……

贤　作　我觉得很有意思呀。特别是鹤见俊辅先生的话让我很震撼。“日本这个国家正走在一条巧妙的衰退之路上，关键在于如何找到一个自己能够欣然接受这种衰退的度。”未来的日本必须走上符合自身体量的道路才行，他竟然在五十年前就指出了这一点。

俊太郎　鹤见先生可是写出《退化计划》的人物啊。

贤　作　他真的很有先见之明。说到底，对谈这种文体本身就有一种蓬勃的精神。大思想家鹤见俊辅站在对等的立场上与年轻的诗人对话。所以我阅读的时候也会很自然地跟上你们的节奏。

俊太郎　对话里面一定富有时代的能量。

贤　作　没错。怎么形容呢，就是对一切事物都抱以认真的求索之心。这就是一种活力。

俊太郎　我跟他对话的时候特别紧张。人家是长辈，是成熟的大人。跟外山滋比古先生对谈的时候我也很紧张，那时我还年轻。

贤　作　嗯，能看出来。字面上也表现得挺明显的（笑）。说到年龄差，你和野上女士的对话也非常有趣。

俊太郎　啊，弥生子阿姨那篇。

贤　作　九十五岁高龄，还能如此锋锐。这人到底有多厉害！大脑里装着那么多东西，却永远整理得清清楚楚，绝对不是一般人。

俊太郎　她还叫我“小俊”呢。弥生子阿姨是北轻井泽别墅的邻居，我们关系很亲密，很小的时候还从她那儿拿零嘴儿吃。上高中那会儿，每次见到她，都会被她教育一番，甚至包括一些很深刻的事情。但我和她多少是有些距离的。她的小说我也只看过《海神丸》。不过我知道，我母亲不管是抚养孩子还是自己的烦恼，都挺依赖弥生子阿姨的，所以她还是一个有点特别的存在。

贤　作　她记忆力那么好，竟然是对咱们家知根知底的邻居。

俊太郎　然而，那位女士很确定自己的作品已经成了公共财产，所以我们才能在公众场合对谈吧。

贤　作　是啊，出现了多少传说中响当当的人名啊。不过，现在的年轻读者可能已经不知道谁是谁了吧。

俊太郎　你看看，连小贤都开始担心这本对谈集了啊。

描摹衰老

记　者　今天，咱们必须得请二位按照标题来进行一番父子间人生对话。

俊太郎　我可不干。要不是惹出什么大事儿，我们爷俩根本不会谈什么刨根问底的话题嘛。首先从我这儿就要推辞掉，就算我再怎么好奇。

贤　作　是啊，以前我们也没这么聊过。又不是演电视剧。

记　者　是这样吗?

俊太郎　对啊。

贤　作　但是，从刚才说的话里面，身为儿子，我也有不少新发现哎。

俊太郎　都有什么呢?

贤　作　你跟鹤见先生的对谈里，提到你母亲的阿尔茨海默病了吧。也就是我的奶奶多喜子。多喜子奶奶在 1976 年已经得阿尔茨海默病了，你还和我妈妈知子商量过这么多，这些我都不知道。那时候你和我妈都是四十几岁吧?

俊太郎　1976 年？我四十五岁左右吧。

贤　作　在这个岁数就必须面对照顾父母的问题了。实在是有点早。

俊太郎　当时，有吉佐和子的《恍惚的人》最为畅销，正好是大众开始讨论我们现在说的阿尔茨海默病的时候。我也跟风读过，觉得离自己很远，不怎么真实。但它的确成为我开始意识到衰老这件事的契机。1974 年那会儿，我也写了一个关于人生终点的剧本。NHK 出的七十分钟长的电视剧，叫《再见》，主演是笠智众和田中绢代。讲了一个七十多岁的老太太遇到一个比她年轻的老爷爷的故事，老太太跟孙女说的最后一句台词是："再见。"

贤　作　和老爷子两个人离开了？

俊太郎　对。最后他们选择在雪山里冻死。

贤　作　啊？竟然是这样的结局。

俊太郎　前面写的是通过孙女的眼睛看到的各种事情。包括婆媳关系、继承权，还有老年人的爱情问题，等等，在当时还算是很现代的题材。记得是 NHK 拜托我写的，也多亏他们能把文字拍成这么好的电视剧。不知道手头还有没有原来的光碟，有的话想再看一遍。

贤　作　现在的话，你会怎么写呢？

俊太郎　写衰老？嗯，衰老啊，是个很自然的过程吧。我现在会觉得，衰老是人之常理。到了这个岁数，到底是看透了嘛，自己就是自然本身。

美国有个很出名的男人，叫艾克哈特·托勒。他会做一些关于精神性的演讲，还写这方面的书。有一个他住在印度，在当地开讲座的视频，我觉得特别好。说是讲座，就是在几十个人面前坐着，小声说话，我很喜欢这种感觉。而且他说啊，过去和未来都是幻想。真实的存在只有“现在”。这跟我迄今为止的感受几乎一致。所以我很喜欢他。

他的关键词里有一个是“归顺”，也就是英语的surrender。简单来说，就是无条件地接受。即使遇到不好的事儿，只要“归顺”它，就会“在你的周围制造出空间”。这个说法很妙。

贤　作　**这个，不看视频的话也没法回答……（用手机搜索）哇，视频一共有十六个半小时啊！**

俊太郎　对。连着看了五六张DVD，我才渐渐明白他的好处，一点儿都看不腻。他说：“没有形式的东西最重要。”人类耗费脑力创造出的种种东西都不过是一种“形式”，在那之外的，也就是无形的东西才最重要。所以作为一种意识的状态，它跟禅的顿悟很类似。“归顺”“形式”还有“存在”，现在觉得比较有意思的就是这三条。

聆听音乐

贤　作　我平时会努力多看一些音乐题材的电影。我看过细野晴臣[1]的纪录片，昨天刚看了《追寻柯川[2]》。

俊太郎　真的吗？在哪儿看的？

贤　作　UPLINK 吉祥寺[3]。特意趁一大早去的。早上人很少，九点半、十点就开始放了。

俊太郎　感想如何？

贤　作　嗯，和我预想的差不多吧。有点儿遗憾，这部影片的目的并不是挖掘柯川鲜为人知的故事，而是向不了解他的人展示“柯川是怎样的一位萨克斯风演奏家”。他跟迈尔士·戴维斯合作 *Kind of Blue* 这张专辑的时候，趁录音一时中断，还创作出了 *Giant Steps* 这首和弦进行异常复杂的曲子，这段逸事还是令我大感意外。要是能再多采访一些细节，深挖一点儿就好了。不过，能在九十多分钟的时间里一口气欣赏到柯川音乐的变迁史，仿佛让我回到了当年沉迷他音乐的时候。这就是音乐电影的妙处吧。关于这个还有一桩很疯狂但又很有意思的事儿，就是那个被换掉的钢琴家。

1　细野晴臣（1947—　），日本音乐家。
2　约翰·柯川（John Coltrane，1926—1967），美国爵士萨克斯风表演者及作曲家。
3　位于东京都武藏野市的一家小型电影院。

俊太郎　被换掉了？太难了弹不了？

贤　作　对。*Giant Steps* 的和弦实在是太难啦。

俊太郎　具体难在什么地方呢？

贤　作　光靠平时习惯的手法根本没法即兴演奏。说得深入一点儿，上来就是 B 和弦，每两拍就换一次和弦，到第三小节，没一会儿工夫就换到降 E 和弦上了。反正是难透了。而且还得用超高速的四四拍来演奏，贝斯手得十分努力才能勉强弹出节奏。所以呢，柯川靠着大量的练习成功吹奏了出来，可钢琴师面对的是人生中从未见过的令人费解的复杂和弦进行，也不怪他要举手投降了。

俊太郎　说到这儿我想起来了。我看过武满的管弦乐谱，太吓人了，竟然竖着看都这么长。

贤　作　没错没错。武满彻先生的乐谱就像一幅精致的微型画，特别美。

俊太郎　一般来说，五线谱不都是横向的嘛。可武满的谱子虽然也是从左往右写，但从上往下也特别长。他的音乐里，每一声的复杂性都是无与伦比的。

贤　作　嗯嗯。

俊太郎　他年纪大了之后，愈发在“一声”上精益求精了。即使只是能乐的一声鼓点，肯定也有除了他之外谁都听不出来的东西。看着他的乐谱，才明白他在这“一声”里听到了多么复杂的音乐！而且我很佩服，他竟然能靠想象创作出这么复杂的乐谱。

贤　作　真想跟武满先生换一下耳朵，哪怕只有一秒！

通俗的平凡

贤　作　对了，你跟彻三爷爷的对谈里有一句话让我很意外。

俊太郎　哪句？

贤　作　是爷爷说的。如果，“二十岁前后的那段日子，我要是能像现在一样随时都能欣赏到优美的音乐的话，说不定就不会流浪了。”虽然是我的亲爷爷，可我从来都不知道他对音乐有这种感情！竟然有这回事儿！（笑）

俊太郎　他晚年的时候，成天一个人待在房间里，不是在看电视转播相扑比赛，就是没完没了地听贝多芬的弦乐四重奏。

贤　作　啊……想起来了。后来他还送过我一张唱片。捷克的斯美塔那弦乐四重奏乐团演奏的。

俊太郎　这么一想，现在我跟你爷爷做的事儿都是一样的。傍晚放一张 CD，跟他用同一个姿势歪躺着，听海顿。年轻的时候我很叛逆，那时觉得跟父亲的共同点也就是头盖骨的厚薄罢了。

贤　作　海顿啊。

俊太郎　我听的不是交响曲，而是弦乐四重奏，还有钢琴独奏。喜欢的也就是那几首，严格来说是里面的几个乐章。

贤　作　我懂我懂。

俊太郎　挺对不起作曲家的成果的。

贤　作　没办法嘛。一首曲子那么长，想听点儿轻松的，这是人之常情啦。

俊太郎　嗯（笑）。年轻的时候特别喜欢贝多芬。比较之后，我明白了一件事：贝多芬的曲子里一定有贝多芬，但海顿的曲子里没有海顿。海顿的曲子里只有音乐。这让我非常舒服。

贤　作　海顿的曲子里没有海顿！

俊太郎　对。但是，有音乐。所以其实就是，音乐在做自己。海顿只是帮了音乐一点儿小忙。不往音乐上寄托什么，任它自然地诞生。海顿是个悠闲的大爷啊（笑）。

贤　作　禅的音乐家——海顿。那莫扎特呢？

俊太郎　莫扎特要另当别论了。不能简单用好坏评价。所以我现在有点没法欣赏莫扎特。我很喜欢海顿那种“通俗的平凡”。说来有趣，原来音乐的喜好是会变的。

贤　作　原来如此。是不是上了岁数就会这样呢？我的话，年轻的时候用交响乐团作了不少曲子，但最近才意识到这种形式并不适合自己。我可能比较适合做一些小编成的、比较私人化的音乐。但边读乐谱边听交响乐却越来越有意思了！这些日子我经常听斯特拉文斯基[1]的芭蕾舞剧

1　伊戈尔·斯特拉文斯基（Igor Stravinsky，1882—1971），俄裔美籍作曲家、钢琴家、指挥家。

《彼得鲁什卡》。有张唱片在曲子最后加入了伯恩斯坦[1]本人的解说，特别有意思。

俊太郎 哇！

贤　作 还有科普兰[2]的《阿巴拉契亚之春》。我也说不好，自己到底是在解读乐谱还是单纯在欣赏它，某一瞬间我会发现一种结构。“啊！原来是这么回事儿啊！”就好像在观察一幢建筑。但我也不会就此转向勃拉姆斯或是瓦格纳。首先，我得先把眼前建筑的精妙之处找出来才行，这份责任感让我有点疲惫（笑）。可能再过几年我会去听吧？现在还不行。话说回来，咱们谷川一家从来就不是教条主义呢。不管是音乐还是电影，从来不是看它们是否对情操教育有益。

1　伦纳德·伯恩斯坦（Leonard Bernstein，1918—1990），犹太裔美国作曲家、指挥家。
2　阿隆·科普兰（Aaron Copland，1900—1990），美国古典音乐作曲家、指挥家、钢琴家。

靠对话留下的珍贵记录

俊太郎 你小时候，咱们都看过什么电影来着？

贤　作 咱俩一起去电影院看过《墨菲的战争》，我记得很清楚。你等下，（用手机搜索）1972 年 1 月在日本上映，彼得·奥图尔主演。原来在《阿拉伯的劳伦斯》里看到奥图尔之前，先看了这一部啊。记得奥图尔演了一个战败逃走的士兵，独自乘着 U 型潜艇面对敌人，到最后都不死心，用筏子吊着鱼雷发射出去了，自己也死了……

俊太郎 对。

贤　作 总之你选电影的品位很有意思。我们还一起看过《家族情仇（Lolly-Madonna ×××）》。罗德·斯泰格尔和罗伯特·瑞安演两个家主，彼此是邻居的两家人互相报复不死不休，你竟然带小孩看这种片子（笑）！我记得导演是理查德·萨拉菲安，是拿莎士比亚的《罗密欧与朱丽叶》做底板的一出荒唐剧。

俊太郎 现在还能看吗？

贤　作 我找找 DVD，我也想看。我们还一起看过《2001 太空漫游》！1968 年，我八岁。志野也一起去了，她才五岁呢！

俊太郎 好像是这样。

贤　作　最开始的十六分钟特别特别好玩，从猿猴战争到电影史上的不朽片段；从被扔出去的骨头上传送回太空船，飞往月球。剩下的我就不记得了。

俊太郎　小约翰·施特劳斯用得也特别妙吧？《蓝色多瑙河》。

贤　作　关于这个，有个特别过分的事儿。导演库布里克一开始亲自邀请亚力克士·诺斯操刀配乐，最后却没经过他允许擅自撤掉不用了，重新启用了样片时配的施特劳斯的古典音乐，这故事还挺出名的。

俊太郎　付给人家作曲费了吧？

贤　作　付是付了。但这不是钱的问题，而是关乎名誉呀。从那以后我就不喜欢库布里克了。

俊太郎　因为你也做电影配乐嘛，肯定会更敏感。不过诗歌界却很少跟钱扯上关系。说到底，没几个诗人会赤裸裸地谈钱。所以我一提到钱，大家都会高兴。“哎呀，原来谷川俊太郎也是个普通人嘛！”（笑）

贤　作　感觉咱们俩对钱的认识差不多。自己挣到钱就会很开心。

俊太郎　我会非常开心的。有生以来第一笔稿费我拿来买了唱片。我现在还记得呢。

贤　作　我是二十岁那会儿，在吉祥寺的爵士酒吧演出。唱歌的、弹钢琴的再加上弹贝斯的，一晚上表演了五首吧。结束之后，负责人很兴奋地跟我说：“辛苦啦！”拿信封给我包了四千五百日元。我当时特别有成就感，觉得：“虽然我弹得不好，但我一晚上已经能赚这么多钱了！”

俊太郎　靠自己的双手赚钱的喜悦。

贤　作　莫非诗人也一样（笑）？话说回来，我们是不是聊得太漫无边际了？有点对不起读者。

记　者　哪里哪里，这是只有靠对话才能留下的珍贵记录……

俊太郎　既然人家编辑都这么说了，那我们就漫无边际下去呗。

贤　作　我还挺介意的。

记　者　那我们这样收尾如何？最后请二位坦白一下，觉得自己无法赢过对方的是什么呢？

俊太郎　好，那我先说。他把自己的家人保护得非常好。这一点我比不上他。说不定是父母离婚的一地鸡毛让他学到了很多，所以说在人好这点上我远远比不上贤作。

　　他身上有一种本质的温柔。在什么时候能感受到呢，有一张照片，妹妹志野生了小孩，贤作坐在床边看着她。他的表情特别温柔，从一张照片中就能看出来，会让人想去了解他。还有，听他的钢琴独奏时，会从他对和弦的处理、结束一段旋律的方式上感受到一种温柔。原本我就很容易为音乐中一个音符的结束而感动，他给我的诗配的音乐也有这种感觉。虽然我搞不清楚诗和音乐具体有什么关系，但我想这里面说不定有一种遗传因素在起作用。

贤　作　你又夸得这么天花乱坠……这人啊，以前就这样，只要是亲近的人，他就一点架子都不摆，打心眼里说人家的好，弄得我很不好意思。最近倒是多少适应了一些。我也得想想。我比不上爸爸的，是写诗的才能。我都不知道他是打哪儿写出来这么多种多样的诗句的。当然他本人肯定也经历了创作的痛苦，但我们外人看来，他写什么都是一挥而就。我要是也能像我爸那样写诗就好了。

俊太郎 话虽这么说，你不是也写过嘛！

贤　作 那哪儿能算是诗！“我讨厌虫子，太讨厌啦，虫子好可怕呀”，这就是儿歌的歌词嘛。找借口罢了。

俊太郎 你是音乐家，这对我来说是件好事儿。要是儿子也当了诗人，那可真是地狱。

贤　作 啊？真的吗？

俊太郎 你要是写得特别好，我会自惭形秽；你要是写得特别差，我会着急上火，想你到底能不能混下去。所以音乐和诗，还是保持一点距离为妙。

（2021 年 12 月 7 日）

解说

在语言与沉默之间

毫不夸张地说，教给我日语之美的正是谷川俊太郎先生。小时候我家里没有玩具，对小孩子友好一点的东西不过是几册绘本而已。我如饥似渴地阅读，甚至把书页都翻卷了，绘本的翻译者是谷川先生，原作者则是以描绘平凡日常的滑稽与人的孤独见长的荒诞派戏剧大师——欧仁・尤内斯库[1]。他在《何塞特：打开墙壁用耳朵走路》这部作品中描绘了一个奇特的家庭，疯疯癫癫却无比开朗，同时酝酿着一种不安的气氛，幼小的我被它深深吸引，至今仍难以忘怀。五六岁的小女孩是否真能从绘本中品读出人生的荒诞（重点号），也许值得怀疑，但毫无疑问的是，这个小女孩真真切切地感受到了“光靠眼睛看不到的多重世界”，并为此心动神摇。从此，小女孩知道了往返于梦与现实间的快乐。

不久之后，我邂逅了谷川先生的诗作《侧耳倾听》。对从幼儿园起就接受英语教育的我而言，这首仅用平假名书写的诗歌，教会了我大和语言的悦耳与端庄。即使是当时只能蹦出几个日语词的我，也被带进了前所未见的心灵风景中，为日语——不，为谷川先生的语言之力所折服。仅凭一支笔、一句话，就能把人带入未知（或熟悉）的境地，对这样的谷川先生，我甚至油然而生一

1　欧仁・尤内斯库（Eugène Ionesco，1909—1994），罗马尼亚裔法国剧作家，荒诞派戏剧最著名的代表作家之一。

种敬畏。况且，从幼儿到百岁老人，他的读者群极为广泛，不分肤色，不分教育程度，不分职业，更不分社会地位。他不用晦涩的字句，而是用大家都能理解的话语，这充分体现了语言的高贵，且蕴含着无限的可能。

这本对谈集，能出现在度过人生第四十六个年头的我面前，是个不折不扣的奇迹。迄今为止，我读惯了的是谷川先生精雕细琢的语言结晶——诗歌和绘本，而这些对话展现给我的，是语言崭新的表情。

“与书面语言不同，口语有它神圣的唯一性。”

谷川先生如是说。这本书诚实地记录了特定日期、特定场合下有机诞生的心与心的交流。对谈的时期多为四十至六十年前，确实,当时的日语,无论是词汇还是其背后的精神性都与现在不同，与其说我感受到的是一种乡愁，不如说语言利落新颖的搭配带给了我更多冲击。用眼睛追随铅字，想象文字背后，非面对面不能产生的紧张与安心，声音的强弱高低，句尾的余韵、沉默，以及打破缄默的语言的节奏，仿佛在欣赏爵士乐的即兴演奏，撩起人的兴致。读这本书，不禁让人想要去揣测更多的细节，对话的二位喝的是咖啡还是白水，坐的椅子是软还是硬。

年轻的俊太郎拥有无限的好奇心与智慧，在交谈的对象面前，他虽心怀尊敬，却绝不盲从对方的观点，而是阐述属于自己的认识。在年龄上横跨几十岁，从世人必经的人生迷途，到慢慢形成独立的自我，仿佛能从书中见证这一静谧的成长过程。话虽如此，不管是面对伟大的前辈，还是面对因关系太过密切而不免尴尬的儿子，他都能站在平等的立场上，交换彼此的思想意识。令人钦佩的是，谷川先生似乎生来就有一种不被年龄长幼、经验多寡所左右的“存在的确定性”。他就像是一个灵魂老成的少年，独自伫立于荒野。

我家里有丈夫和三个孩子。小儿子还在上小学，日常生活比较热闹。无意识的“家族风景”占据了我这二十五年的日日夜夜。因为母亲是演员，又独自抚养我长大，可以说，小时候我就过够了这一辈子的“独立生活”。我十九岁就选择踏入婚姻围城，不知道是不是出于一种逆反心理，总之这样看来，我分配给人生前半段和后半段的孤独极端不均。或许是受人生轨迹的影响，对人与人的相处，我半是憧憬，半是畏惧。偶尔倾听内心的声音，总会听到自己的潜意识低声细语：“我想和那个人说说话。”可下一个瞬间，我便会毫无预兆地亲手掐断这一思绪：“不对，我不想见那个人。我不能见他 / 她。”

二十岁出头，我有机会亲自面对谷川先生，在那之前，我心中的谷川先生已经超脱了个性，成为一种普遍化的存在，不出意料，我表现得畏畏缩缩。然而，第一次在现实中接触到的谷川先生所奏出的语言交响，竟呈现经名家之手制作的大提琴那澄澈舒适的音色。他轻轻松松地跨过四十五岁的年龄差，与我相处的态度中立到令人称奇；我们的话题也天马行空，从绘本的翻译、语言从何而来，到人际交往、爱车、恋爱、结婚、如何对待孩子，直至人的生死，令我终生难忘。特别是先生提到写诗时用了一个比喻，使我激动不已，他说：“像植物那样扎根于土壤，从中吸收名为语言的养分与水分，让花朵盛开，枝繁叶茂。”幸运的是，从那之后，每隔数年我便有机会与先生对谈，得以接触谷川先生“语言的土壤”，每次对谈都有新的发现，令我心驰神往。

曾几何时，谷川先生曾提到，包括家人在内，人与人之间的距离感与无执[1]近似。我往往执着于探索寄托在对方身上的情感，但谷川先生与人交往的姿态却异常巧妙，分明极注意分寸，却不会拒人于千里之外。我想正是因为如此，他才不会漏掉任何一处人心的细微变动吧——这些变动距离过近过远都难以分辨。他绝非刻意为之。在我浅薄的思考中，想必对他这个独生子来说，知性浓厚的家庭使他变得格外擅长面对自我，正是这样的家庭环境造就了今日的谷川俊太郎。

完全不同的环境下成长起来的两个拥有各自多样感性的人，在某一时刻面对面交谈，互相敞开心扉。彼此心中难以名状的情绪转换为语言与间隙，由我传达给你，再由你传达给我。在这一纯粹的倾诉行为结束之后，谷川先生这样谈道——

“通过了解别人，我也了解了自己。”

研究显示，在交流中，能通过语言传达的信息只有约百分之七，其他的信息都要通过视觉和听觉来传达给对方。我从这些对话的“语言”中所获得的信息与感动，就已经使我的大脑和内心之前从未使用过的部分变得温暖了起来。而当我想象比我收获的更多出十三倍，只在对话的双方之间共享的那些东西——我想那一定是无人可以介入的，一生只有一次的恩赐。

1　不执着，不拘泥。指人克服对世间万物一切执着后获得的超然视点。

如今，有太多的方法可以同他人对话。心头涌上的种种思绪，既可以选择在电话中诉说，抑或选择用邮件和社交网络书写，更可以靠视频通话直接表达，无论何时，与人建立起联系都如此便捷。但这本对话集却向人们清楚地展示，即使有再多沟通的手段，重要的东西仍旧无法全部传达，人仍会为此焦灼不安。讽刺的是，与此同时，这几年的新冠疫情无奈地加剧了人际关系的割裂，“面对面”的真正价值面临更巨大的考验。也许某些时候,无声的交流，才是与人面对面的乐趣所在。

读完最后一页，合上书，片刻间，我沉浸于阅读带给我的安宁的余韵。余生，我将怀着生而为人在所难免的孤独，尽情享受人与人的相遇所带来的希望。

（内田也哉子 / 作家）